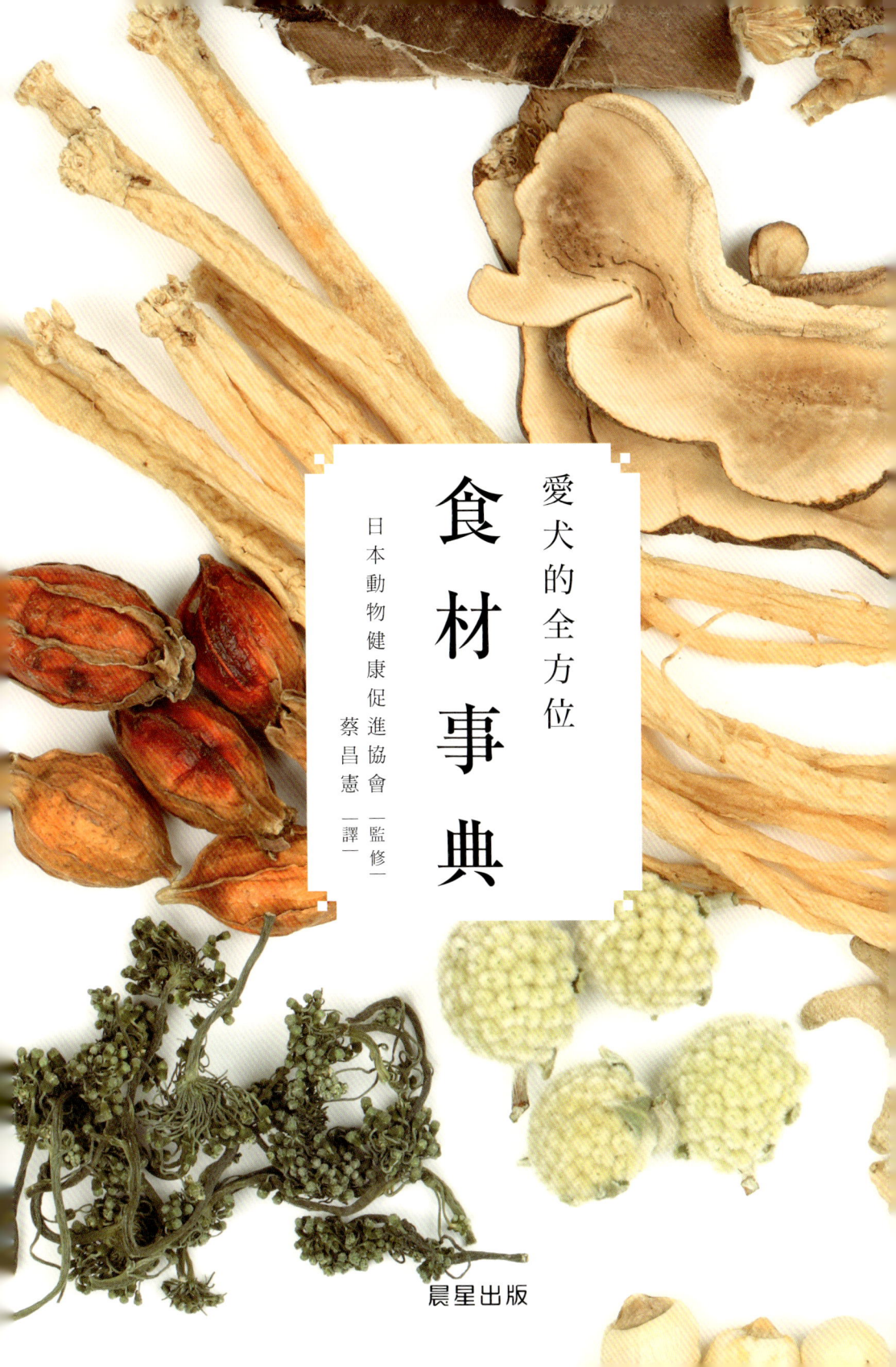

愛犬的全方位

食材事典

日本動物健康促進協會 [監修]
蔡昌憲 [譯]

晨星出版

【目錄】

關於狗狗的飲食

- 出版感言 4
- 飲食這件事 6
- 基礎營養學 6
- 六大營養素 7
- 對狗狗而言的六大營養素 7
- 手作鮮食的營養均衡 11
- 營養素與食品間的關係 13
- 消化吸收與食品 14
- 各成長階段之營養管理重點 15
- 各成長階段之營養管理重點 16

藥膳基礎知識

- 何謂藥膳 18
- 藥膳的基本 18
- 氣、血、津液 19
- 藥膳的五味、五性、歸經 20
- 食材的五味 21
- 食材的五性 21
- 食材的歸經 22
- 八種體質與體質判斷 23
- 氣虛 25
- 血虛 26
- 血瘀 27
- 血瘀 28

氣鬱……29	
陰虛……30	
陽虛……31	
痰濕……32	
濕熱……33	
食材事典的閱讀方法……34	

為愛犬挑選的食材／嚴選144種

肉類……38	
魚貝、海藻類……50	
蛋、乳製品……66	
穀類、薯類……72	
豆類、大豆加工品……86	
蔬菜類、菇類……94	
水果類……118	
堅果類……126	
油脂類、調味料……134	
藥材、香草、香辛料……140	
狗狗不能食用的食材……158	
手作藥膳鮮食的入門方式、調理法……160	

各種體質之建議食譜

當季湯品……162

……180	
手作藥膳鮮食Q&A……186	
後記……188	
中醫學用語說明……190	
食材檢索……194	

出版感言

此次，由全面照護生活指導員育成講座的講師奈良渚老師（Nara Nagisa，PetVets 營養諮詢代表人／寵物營養諮詢師）、寵物藥膳國際協會理事長梅原孝三老師（Umehara Kouzou，仙台 Plum 動物醫院院長／動物醫師）以及齋藤真由美老師（Saito Mayumi，中醫養生顧問）執筆，本協會出版發行了《愛犬的全方位食材事典》。

愛犬的平均壽命逐年持續增加。根據一般社團法人寵物食品協會於二〇一七年發表的資料中顯示，狗狗的平均壽命為一四‧三六歲。這個資料是大型犬、中型犬、小型犬以及分別於室內或室外等所有飼育狀態的平均數字，因此實際上飼育於室內或室外的小型犬之平均壽命應該還會再往上延長才是。

另外，根據該協會的石山恒會長個別的調查結果，一九八三年狗狗的平均壽命為七‧五歲。可見在短短的三十多年之間，平均壽命延長了將近一倍左右。

這其中，除了動物醫療的精進發展之外，優質飼料的普及與飼主對於愛犬健康管理上的知識提升，我想有著密不可分的關連。

進入九〇年代之後，在市場上開始發售了所謂的綜合營養犬食，這也使得狗狗的平均壽命飛躍式地延長。但是，即使壽命延長，還是得面對各種疾

病的威脅，這是芸芸眾生無法擺脫的命運，從來沒見過的疾病也因而日趨增多。

以我的醫院來說，像是狗狗的下痢或血便停不下來、皮膚病沒有改善等，幾乎每天都能見到一直被這些問題困擾著的飼主。因此，更進一步的飲食改善是當務之急。可是在計畫當時網路尚未如此發達，而且關於狗狗飲食的資訊也非常有限，只好試著去收集資訊，再利用表格計算軟體編寫針對各種不同疾病的居家手作鮮食製作軟體分發給飼主們，完全可以說是瞎子摸象的狀態。

有鑑於此，相信這次出版的作品必定讓手作鮮食派飼主們引頸期待已久。特別針對狗狗飲食編輯的食材百科，融合了手作鮮食在營養學方面的知識與藥膳的思考方式，可以說是「目前在市面上絕無僅有」的一冊。在國內外，狗狗的手作鮮食領域也都還在剛起步的階段。期望本書能夠成為手作鮮食的實踐派以及從事全面照護者們的指南，而且，也非常盼望這本由日本發展的新手作鮮食寶典也能夠推展到海外各地。

二〇一九年一月

日本動物健康協會理事
全面照護生活指導員育成講座講師
鎌倉元氣動物醫院院長

石野 孝

關於狗狗的飲食

飲食這件事

在健康或疾病與飲食之間尚未有明顯關係的時代，食物的存在被認為只是單純為了填飽肚子而已。但是後來透過中國將醫療與食養視為同等重要的思考方式，開始用食物中含有的成分來開發藥品。這便是醫食同源的由來。

西洋醫學長年將飲食與治療視為不同的領域，但最近在關注中醫學的智慧同時，也漸漸地開始思考飲食的重要性。

同樣的狀況也可以應用在狗狗的飲食上。從一開始給予人類的剩菜飯，再到之後被商品化的狗糧，都並未考慮營養的平衡，而是以填飽肚子為優先。伴隨狗狗的營養學以及獸醫學的發展，才開始有了以健康管理和食物療法為開發目的的狗糧問世。現在，人類的健康趨勢也影響了寵物新商品的開發，市場上也需要品質更好且更安全的商品。

從出生到死亡，「吃東西」在生命中是非常重要的一環。了解富含在食品中的營養素如何影響身體，不單單只是為了健康，更是為了思考如何提升生活品質。融合了營養學的基礎知識與中醫學的食養智慧，對於愛犬的健康管理必然大有裨益。

基礎營養學

六大營養素

維持生命活動的基本物質稱之為「營養」，為此而從體外攝取的物質則稱之為「營養素」。營養素為「蛋白質、碳水化合物、脂質、維生素、礦物質、水」六大類，統稱為六大營養素。各個營養素都有其不同的功能，因此吃什麼、吃多少、從飲食中應如何均衡地攝取都將會影響到健康的狀態。在思考狗狗的飲食之前，先一起來了解營養學中的基礎知識——六大營養素。

蛋白質

為維持生命最重要的營養素。蛋白質是製造身體中的肌肉、皮膚、骨骼、指甲、肌腱、血液、酵素、賀爾蒙、免疫抗體等所需的營養素。在身體所需要的二十種胺基酸中，有些無法在體內合成，必須從食物中攝取的胺基酸稱之為「必需胺基酸」，一天的需求量是固定的。

動物性蛋白質含有均衡的必需胺基酸。植物性蛋白質中因為必需胺基酸有所欠缺，必須與含量充足的食物搭配攝取，才能夠補充其所不足。

雖然每公克的蛋白質能夠供給四大卡的熱量，但比起提供熱量，其補充身體營養素的功能更為重要。

- ◀〈動物性蛋白質的供給來源〉肉、魚、雞蛋、乳製品等。
- ◀〈植物性蛋白質的供給來源〉穀類及豆類（特別是大豆）。

脂質

所謂脂質為表現其性質之總稱，在食品中的脂質稱之為脂肪。脂肪可分為在常溫中為固體的「脂」，與在常溫中為液體的「油」。雖然在比例上有所不同，但兩者多少都包含其中，一般來說可成為脂質來源的食品裡頭，如牛油或豬油會被歸類於「動物性油脂」，植物油則會被歸類在「植物性

油脂」。脂肪是合成賀爾蒙或是膽汁的必需物質，因此必須每天固定從飲食中攝取最低需求量的脂肪。這些便稱之為「必需脂肪酸」。

脂質每公克大約供給九大卡的熱量，因此可做為效率較好的熱量來源。

◀〈動物性油脂〉
常溫時為固體。在體內容易成為熱量。魚油雖是由動物而來，但性質與植物性油脂類似。

◀〈植物性油脂〉
在常溫中為液體。在促進血液循環等生理功能上也有所助益。椰子油來源雖為植物，但性質與動物性油脂相近。

碳水化合物

由醣類與食物纖維所構成之營養素。醣類最主要的功用是每公克大約可提供四大卡的熱量。食物纖維除了保持腸道內環境的正常之外，也有其他各種生理作用。

◀〈醣類〉
醣類中最小的分子為葡萄糖，是維持生命最重要的熱量來源。平時以肝醣的狀態儲存於肝臟及肌肉中，在血糖下降時可立即分解成葡萄糖並釋出於血液中。過剩的葡萄糖會儲存於脂肪組織中，因此攝取過量的醣類是造成肥胖的主因。

◀〈食物纖維〉
可分為水溶性食物纖維與非水溶性食物纖維。

水溶性食物纖維：可以提供飽足感、使血糖上昇趨緩、腸內環境的正常化等。
非水溶性食物纖維：刺激腸的蠕動運動、糞便的形成、促進排便、排泄毒素等。

維生素

雖然不是熱量的來源，但只需要微量便能夠達到維生素正常發育及代謝的效果，可分為脂溶性維生素及水溶性維生素。由於脂溶性維生素儲存於肝臟中，攝取過量則會中毒。而水溶性維生素因為有溶解於水中的特性，多餘的部份則經由尿液排出。類胡蘿蔔素、維生素C、維生素E有抗氧化作用，能夠抑制活性氧對於細胞所造成的傷害。

◀《脂溶性維生素》

維生素A、D、E、K

維生素A僅存在於動物性食品中，無法從植物性食物中攝取。存在蔬菜或水果中的成分稱之為類胡蘿蔔素，代表性的成分為β胡蘿蔔素。大約有½可在體內被轉換為維生素A。

◀《水溶性維生素》

維生素B群、維生素C

維生素B群做為輔酵素可以協助營養素的代謝，不足時則會產生代謝障礙。另外，在神經機能及紅血球的合成上也很重要。維生素C除了抗氧化作用之外，在膠原蛋白的生成上也扮演著重要的角色。

礦物質

雖然僅僅不到體重的4％，但卻與維生素共同在體內負責重要的生理作用。鈣、磷、鎂、硫、氯、鈉、鉀占體內礦物質的半數以上，因此稱之為「巨量礦物質」。在體內存在為微量的元素則稱之為「微量礦物質」。有鐵、鋅、銅、錳、碘、硒、鈷等。礦物質在體內有各種不同的功能，但主要以骨骼及牙齒等硬組織之成分，以及細胞液的電解質，還有作為酵素活性化因子上，扮演重要的角色。礦物質之間的平衡對於礦物質的吸收非常重要，特定的礦物質如果過多或是不足，便會影響體內的吸收率、代謝以及功能。尤其是鈣與磷之間的平衡，對於正常的成長以及骨骼的健康更為重要。

水

水是消化、吸收、溶解等體內化學反應所必需的關鍵物質，除了能調節體溫之外，更是構成血液與淋巴的主要成分，在維持生命上是絕對不可或缺的。只要失去體內10％的水就有可能造成死亡。水分含量最多的組織為肌肉，最少的則是脂肪組織。由此可見肌肉量較少的動物以及高齡動物、肥胖的動物容易發生脫水現象，因此，在對於氣溫、濕度、溫度等，必須要更加地注意。

六大營養素主要功能、供給來源、不足與過剩所造成的影響

分類	主要的功能	熱量	主要供給源	不足	過剩
蛋白質來源	構成身體 熱量來源	4kcal/g	肉類、魚類、雞蛋、乳製品與大豆等	免疫力下降 肌肉量減少	肥胖、腎臟疾病、肝臟疾病、心臟疾病
脂質來源	保護身體 熱量來源	9kcal/g	動物性脂肪、植物油、堅果類	被毛狀況差 生理機能下降	肥胖、胰臟疾病、肝臟疾病
碳水化合物來源	熱量來源 腸道健康	4kcal/g	米、麥、玉米、芋頭、豆類、蔬菜、水果	活動力下降 體重減少	肥胖、糖尿病、下尿路疾病
維生素來源	調節代謝功能		肝臟、蔬菜、水果	代謝能力下降 神經異常	中毒、下痢
礦物質來源	調節代謝功能		肝臟、紅肉、牛奶、乳酪、海藻類、堅果類	骨骼異常	中毒、下尿路疾病、心臟疾病、腎臟疾病、骨骼異常
水	維持生命			食慾不振 脫水	消化不良、軟便、下痢

對狗狗而言的六大營養素

蛋白質

在狗狗的飲食中最重要的營養素便是蛋白質。確保食物中胺基酸以及必需脂肪酸的必要量對於狗狗的飲食來講是非常重要的。蛋白質來源可由動物性食品及植物性食品中攝取，但因為動物性食品的消化吸收率較高，只要少量便能夠確保必要的營養素。

脂質

與蛋白質相同，在狗狗的飲食中是非常重要的營養素。狗狗對於脂質的吸收率超過90%以上，若是食物中的脂質量過少的話則會使其他營養素的吸收率降低，繼而使得體重減輕。在飲食中建議盡可能達到美國飼料管理協會（AAFCO）所指定之最低容許量。

碳水化合物

雖然狗狗算是雜食性動物，但是狗狗仍然需要肉食，他們並不擅長消化碳水化合物的主要來源，也就是澱粉。因此，若是供給狗狗澱粉類較多的飲食便容易產生消化不良的現象。另一方面，為了維持生命作為直接性的熱量來源，醣類的攝取也是必要的。如果從醣類產生的熱量不足，構成身體的蛋白質就會被拿來產生熱量，繼而造成肌肉量減少。而且，狗狗的大腸與小腸和身體的比例與人類相比起來短很多，因此食物纖維過多的飲食將使得營養素的消化、吸收率降低。醣類及食物纖維的攝取量，必須配合活動量以及狗狗的體質等狀況做調整。

礦物質

　　礦物質方面，在狗狗的飲食中最應該注意的是鈣與磷的比例，以及鋅的不足。美國飼料管理協會（AAFCO）將鈣磷比設定為從1：1到最高2：1之間的配方比例。如果此比例失衡，將會對於骨骼的成長以及骨質密度造成影響。肉類是主要的蛋白質來源，其磷含量充足，但鈣含量則相對不足，因此可搭配含有鈣質的食物，或者利用營養輔助食品調整其平衡。

　　「鋅」是在手作鮮食上容易不足的礦物質。鋅不足時，有可能會產生脫毛或者是角化症，因此鋅攝取量不足時應藉由營養輔助食品加以補充。另一方面，若是長期攝取過量的狀態下，則會造成銅的吸收不良而引起貧血等症狀。

維生素

　　與人類不同，狗狗可以用葡萄糖於體內合成維生素C。而且維生素B群與維生素K也能夠經由腸內細菌於體內合成，但若是服用抗菌劑或者腸內環境不良則可能會引起維生素不足，利用食品或者輔助食品作為補充能夠有所助益。

水

　　一般來說，只要隨時準備好乾淨的飲用水，健康的狗狗就能夠自然攝取到必要飲水量，但有可能因為氣溫的下降、活動量減少、高齡等原因使得口渴的感受度降低，而無法攝取到必要的飲水量。水分攝取量一旦產生變化，誰也不知道會產生什麼疾病，因此飼主必須把握狗狗的必要飲水量，如有不足，則應想辦法增加狗狗的飲水量。

營養素	每1000kcal的最小營養容許量（懷孕、哺乳、成長期）	每1000kcal的最小營養容許量（維持期）	每1000kcal的最大營養容許量
粗蛋白（g）	56.3	45.0	
粗脂質（g）	21.3	13.8	
亞麻油酸	3.3	2.8	
α-亞麻酸	0.2	ND[※2]	
EPA+DHA（g）	0.1	ND	
礦物質			
鈣（g）	3.0	1.25	4.5
磷（g）	2.5	1.00	4.0
鈣磷比	1：1	1：1	2：1
鋅（mg）	25	20	

AAFCO 營養表（犬糧）2016 年版摘錄

手作鮮食的營養均衡

目前在狗狗的手作鮮食上，還尚未界定出適合狗狗的均衡營養共通標準。因此，於先行參考過AAFCO[※1]（美國飼料管理協會）在狗糧製造上所訂定之營養標準，製作出基本食譜後，再依據健康狀態以及體重調整出適合個體之營養均衡方案。

※1　AAFCO……美國飼料管理協會累積、評價犬貓營養學之相關研究結果，提供營養素之建議值。
※2　ND……Not Determined（未決定）。

營養素與食品間的關係

就算理解了六大營養素以及其功能，計算出各種食品中所含的特定營養素，也製作出了食譜，但由於日常生活中仍有種種因素可能使飼主對於狗狗飲食的重要性失去關注。在此希望讀者可以記住，什麼樣的食品能夠成為目標營養素的「來源」。不同的食品其營養組織成分也有所差異，因此目標營養素含量較多的食品，便可考慮作為目標營養素的供給來源。例如，肉類每一百克中僅次於水之含量較多的營養素為蛋白質，肉類即可作為蛋白質來源。米飯中含量較多的營養素為碳水化合物，因此便可視為碳水化合物來源。

再者，就算是歸屬於同一分類，但根據部位或種類的不同，其所富含的營養素、熱量也不大相同。例如以相同重量的豬腿肉與豬五花肉來看，可以發現豬腿肉含有較多蛋白質，而豬五花則含有較多脂肪。相同重量的白米與玄米做比較也可以看出，在三大營養素上沒有太大的差異，但玄米的食物纖維量卻高出很多。也就是說，同一分類的食品也並不是其中一種就可以滿足所要的需求。理解各種食品的營養組成以及其性質，對於製作維持健康的膳食上會有很大的幫助。

食品每100g的營養組成比較

	Kcal	蛋白質 (g)	脂質 (g)	碳水化合物 (g)	食物纖維 (g)
豬腿肉 / 生	128	22.1	3.6	0.2	0
豬五花 / 生	395	14.4	35.4	0.1	0
白米	168	2.5	0.3	37.1	0.3
玄米	165	2.8	1.0	35.6	1.4

消化吸收與食品

單單只吃了食物是無法在體內被利用的。

食物中所含有的營養素,必須經由消化酵素與水的水解作用之後,才能夠從小腸吸收到血液中。在此過程中,各營養素所需要的消化酵素也有差異。例如碳水化合物的消化酵素澱粉酶就無法消化蛋白質。

為了使飲食之中的營養及熱量能夠在體內被利用,首先必須要了解消化與吸收間的關係。

〈消化酵素的種類〉

澱粉酶 ——— 分解醣類(主要為澱粉)
蛋白酶 ——— 分解蛋白質
脂酶 ——— 分解脂肪

消化吸收的過程

雜食性的人類在唾液中存在著可以分解醣類的消化酵素澱粉酶,因此消化從口腔開始進行。但由於狗狗的唾液中並沒有澱粉酶的存在,所以無法從口腔開始消化醣類,一開始被消化的是食物中的蛋白質。胃液中含有胃酸(鹽酸)與蛋白質分解酵素的蛋白酶(胃蛋白酶),能夠分解蛋白質。同時食物經由強力的肌肉運動(蠕動運動)被攪拌成粥狀後,便被運送至十二指腸。

在十二指腸中,受到從胰臟分泌出來的胰液(含有碳水化合物、蛋白質、脂質的消化酵素)所影響,將食物中的營養素分解成最小的分子之後,讓小腸可以進行吸收。

關於食物纖維,因人類

容易消化的飲食

由於胃液中含有鹽酸(HCL),藉由強酸為蛋白質的消化及礦物質的吸收開始進行準備。但是,如果在這個時候有大量的水分或是食物纖維進入,準備作用便會受到阻礙。

另外,脂肪在胃中與胃液混合成粥狀需要花費一些時間,因此高脂質的食物在胃中的停滯時間將會變長。如果食物在胃中停滯的時間太久就會使胃中的壓力改變,而發生食物逆流或是嘔吐症狀。例如玄米與羊肉這樣的組合,比起白米與雞

與狗狗體內沒有相對應的消化酵素存在而無法被消化,會通過小腸直接被送至大腸,再經由腸內細菌將其分解之後提供體內各種生理機能使用。

15

胸肉的組合，在脂肪與食物纖維上為多，就需要較長的時間進行消化。也就是說後者脂肪與纖維質較少的組合便是「容易消化」的飲食。粥狀食物之所以被視為容易消化的飲食，正是因為已經過完成了原本應該在胃中需要經過消化的程序，能夠縮減消化的時間，但在健康時亦容易形成空腹狀態。因此，如果沒有腸胃道疾病的話，便不需要經常將食物做成粥狀。

各成長階段之營養管理重點

● 成長期（參考值）
小型犬：～8～12個月、
中型犬：～12～18個月、
大型犬：～24個月

這個時期是整個成長階段中營養需求量最高，也是建構身體基礎最重要的時期。飼主必須在狗狗成長時提供充分的熱量與營養素。尤其是骨骼成長時所必須的鈣與磷的需求量很高，但因為成長期專用的狗糧中已經加入適當比例且充足的量，不需再添加其他的輔助營養品。

再者，尚未成熟的身體無法一次消化吸收過多的飲食。因此這個時期的狗狗應少量多餐，否則消化不良很可能會導致下痢，且未消化物的增加將會使佔身體免疫機制近60%的腸內環境惡化，使得狗的免疫力下降。

成長的最佳證明就在於體重的增加。正常的成長狀態下，小型犬大約在4月齡，大型犬大約在5月齡左右應達到成犬時體重的一半。這個階段若是體重無法增加，甚至有體重減少的情形，若是體重仍無法增加的話，建議到動物醫院確認身體健康狀態。

● 維持期

維持期（成犬期）的注意重點在於「給太多」。或許飼主大多會認為是愛犬「吃太多」，但給食的畢竟是飼主，若是因為覺得狗狗吃東西很開

心就毫無節制地給予零食等食物，狗狗變得肥胖也是理所當然的。肥胖更是心臟、腎臟、肝臟疾病或者是糖尿病、關節疾病等萬病的起因。尤其是在狗狗沒有生病的情況下，飼主有時候也會不經意地滿足他們的食慾，但其實在健康的時候才更應該注意飲食的控制。愛犬若是對飲食感到不滿，也有可能是因為飲食中的營養構成並不太適合愛犬的體質。再一次確認食物內容吧！

零食方面來說，比起乾燥後的食物，若是能夠給予水果或是蔬菜、水煮雞肉或雞蛋、茅屋乳酪等含有較多水分的食物，不僅熱量較低，也能同時補充營養。讓狗狗在這個時期維持適當的體重是飼主的重要課題。

● 高齡期（參考值）
小型犬：7歲齡～、
中型犬：7歲齡～、
大型犬：6歲齡～

一般大多從七歲左右稱為高齡，實際上，雖然看起來健康，但隨著個體的不同，仍可以從後肢肌肉減少、睡眠時間變長等地方察覺到狗狗已經邁向高齡了。然而，並不一定得要在這個時期改用高齡專用飼料或是變更食物的內容。應該根據定期的健康檢查結果確切把握健康狀態，再進行食物內容的調整。

基本上，狗狗年齡越高，飼主就越應該給予品質好、易消化的食物。另外，各犬種因為體質差異，好發的疾病也不相同，為了預防這些疾病，建議飼主將具抗氧化成分的食物加入狗狗的飲食中。雖然食物中含有營養素，也有微量的機能成分，但攝取過多仍會影響狗狗健康，飼主不可不慎。

藥膳基礎知識

何謂藥膳

藥膳的「膳」就是飲食之意。藥膳的目的在於維持健康以及預防疾病，配合季節以及食用者的體質選擇食材或是藥材所調理而成的膳食。自古以來，在中國的人們便透過飲食來維持健康、治療疾病。有著錯誤的飲食方式會導致疾病，正確的飲食能使疾病自然痊癒的說法。藉由飲食預防疾病或者是維持健康的身體稱之為「食養」，而透過飲食讓疾病儘早治癒或者是作為疾病治療的輔助則稱之為「食療」。時至今日，這樣的概念仍在中國人的思想中根深蒂固。雖然感覺上似乎是非常特殊的思考方式，日本人也會將烤魚與蘿蔔泥一起食用，或是在冬天食用讓身體溫暖的食材等，依據不同的季節或身體狀況，運用不同食材所產生的效果來維持身體的健康。近來則在改善體質或是治療生活習慣所引起的疾病等方面導入了藥膳的觀點。世界各國也開始著手研究藥材與食材在科學上的根據，並實際驗證中藥與藥膳的效能。利用這些觀點，將中國傳統醫學，也就是所謂的中醫學與西洋醫學統合之「中西結合醫學」也日益進步。

這般的思考方式同樣也可以應用在狗狗的飲食

藥膳的基本

上。先理解以中醫學為理論基礎的藥膳基本知識，再搭配營養學進行思考，便能夠調配出品質更高的飲食內容。

在藥膳中有其規則，配合這些規則作調理更能夠發揮效果。無意義地使用中藥材，像是加入枸杞或紅棗，這樣的飲食並不能稱之為藥膳。

中醫學將自然界與動物視為一體，在自然界中生存的動物會因為環境的影響而做出相對的反應，並藉此維持身體的健康。亦即，配合自然與自身體質來食用產自不同季節、地域的食材，便能維持健康、預防疾病。

根據「整體觀」與「辨證論治」的中醫學基礎理論，在取得地域、季節或者是身心平衡（＝整體觀）的同時，也必須要針對不同體質或身體狀況使用藥材及食材、調理法（＝辯證論治）。也就是「因為這樣的體質所以要使用這些食材」、「現在身處於這樣的狀況，所以必須這樣調理」的思考方式。也就是說，藥膳中所使用的藥材或者是食材都是依照中醫學的理論將藥效分類，考慮動物的健康狀態

之後，再從分類中選擇適合的藥材或食材。基本上必須先整體判斷動物的體質、健康狀態與環境之後再做決定。

再者，的確有許多搭配藥材的藥膳食譜，但是也有利用普通食材調理的藥膳。就如同藥食同源這句話的說法，單就藥材或者是食材的差異，中藥及藥膳也有相同的思考方式，藥與食材都是天然產物而且擁有相類似的特性與治療效果等，殊途同歸。

持續服用藥膳便能夠改善體質，除此之外，在季節變換或者出現身體狀況不佳的時候食用，也都有即時性的效果。

最重要的仍是如何調理出美味的膳食。不需要拘泥在每天持續吃，或是一定要使用藥材，選擇適合身體狀況或體質的食材，愛犬吃得快樂，飼主也能夠感受到調理時的喜悅。這就是藥膳的基本。

氣、血、津液

從中醫學的理論來看,動物的身體是由「氣」「血」「津液」所組織而成的。這些構成要素都可以從食物轉化而來,這樣的思考方式與營養學不謀而合。中醫學認為如果身體裡能有充足的「氣」「血」「津液」,並在體內運行無礙,便是健康的狀態。反之如果有不足或是循行不良的現象便是對健康有害。

氣 是什麼

氣這個字原本是從古代中國的思想所衍生而來,氣被認為是構成宇宙的基本單位。氣的變化能夠創造萬物,所有的事物便因此而生。氣除了構成動物的身體之外,氣也是動物身體之生命動力,為一種無形的存在機能。是一種能促進身體活動的物質,若以汽車為例,就像是擁有汽油與引擎兩方面的功能。氣是由食物與自然界清淨的空氣組合而成,維持生命活動的基礎,廣泛地分布在臟器、體表、血管內等部位。

血 是什麼

血與氣在中醫學中並列為構成動物身體的重要物質。可分為由食物的營養成分所製造出來的,以及由氣與津液製造出來的兩部份。雖然與西洋醫學的血液在說法上有些類似,但並沒有特別區別出紅血球與白血球,其功能在於提供全身各臟器的營養,並支持著動物的精神活動。也就是說,如果有充足的血於體內正常循行的話,意識就能夠變得清晰,精神狀態也能夠趨於安定。精神上的壓力如果累積過多,就會消耗較多的血,引起血不足的現象。

津液 是什麼

津液指的是除了血以外的所有體液。飲食物被消化吸收之後,攝取到體內的水分便轉化成津液。如同灑水器將水噴灑出去般,將水分散佈到身體的各個角落以調整身體各部機能。除此之外,也扮演著潤滑劑的角色,讓身體各部份都能夠滑順地動作,以及讓新陳代謝物從汗或尿液中排出。

藥膳的五味、五性、歸經

藥膳與中藥將食材的功能以「五味」以及「五性」作為獨特的指標表現。中國古籍《黃帝內經》中記載著「藥有熱、溫、平、涼、寒之五性，以及酸、苦、甘、辛、鹹之五味」。不單只有中藥，食材也相同有著「五味」及「五性」，因此在藥膳中活用這些食材的特性進行調理是非常重要的。

現存最古老的藥學典籍《神農百草經》記載了365種藥材及食材，其中除標註食材的五味、五性外，也闡述了食材於進入體內時的效能。中醫學將食材與較容易產生效果的臟器相互關聯，而這樣的指標即稱之為「歸經」。食材的五味、五性對於動物的身體來說有著莫大的影響。

食材的五味

所謂五味指的是食物本身的味道，或者是其功能所導出的產物，不同味道的食材其效能也有所差異。也有許多食材是同時含有辛味與苦味或是酸味與甘味等不同的味道，這樣的食材也就能有更廣泛的功效。

酸味
收斂效果（收斂皮膚、肌肉、血管、臟腑等）
有抑制血液或體液等從身體漏出之功能。
能收效果之症狀／下痢、漏尿等

苦味
消炎效果（消除多餘的熱或毒素以抑制發炎症狀）
消除濕氣使其乾燥、促進排便、利尿。
能收效果之症狀／化膿滲水的皮膚病、白帶、夏日倦怠症、改善便秘

甘味

滋養效果（補充血液等之營養素與氣，以消除疲勞）舒緩疼痛之效果。

能收效果之症狀／疲勞或體力不足、改善虛弱體質

辛味

發散效果（溫暖動物身體，促進血液循環）

能收效果之症狀／感冒症狀、身體冷寒、冷寒引起之疼痛

鹹味 ※意指天然之鹹味

軟堅效果（將較硬的物質或是硬塊、腫塊變軟消散）促進排泄使排便順暢之效果。

能收效果之症狀／肌肉或皮膚之硬塊、疣、便祕等

淡味

五味之外，有時也會再加入淡味、澀味。

有利尿效果，可改善浮腫或是下痢。

澀味

與酸味相同有收斂效果。

食材的五性

五性所呈現的是在食用之後可溫暖身體或者涼散身體的效果。並不是指食材本身的溫度或者調理時的溫度。

熱性、溫性

熱性及溫性的食材能溫暖動物的身體，使氣與血液的循環良好，提高新陳代謝。透過新陳代謝的提升能夠活化生理機能。在效果上，熱性食材較溫性食材強，兩者也稱為陽性食物。

寒性、涼性

寒性及涼性的食材能涼散動物的身體，除去體內多餘的熱，鎮靜體內之機能，使排便順暢。寒性

22

食材比起涼性食材效果較強，兩者亦可稱為陰性食材。

平性

不會過度涼散動物的身體，也不至於過熱，不偏不倚屬於較溫和性質的食材稱為平性。由於性質較為平穩，因此任何的體質都可以食用。與陰性、陽性的食材搭配使用，可使整體呈現出較佳的緩和效果。不論是虛弱體質、病後恢復期、幼犬或是高齡犬都能放心使用的食材。

食材的歸經

所謂歸經指的是食材能夠對動物身體的某個部位或是臟器產生效果。此臟腑的「臟」就是中醫學中的「五臟」，意即「肝、心、脾、肺、腎」，不僅僅只是關於臟器的功能，也包含了精神方面的要素與中醫學觀點的生理機能。另外，食材的效果也能體現在與該臟腑相關聯的身體部位以及感覺器官有的食材只會有一個歸經，但也包含複數歸經的較多，也就是說治療效果範圍廣泛。再者，食材的

五味與五臟也相互對應，各有其效能，因此適度地使用相對應的味道也能夠對於臟腑的機能產生補給效果。而五臟之間的活動方式為相互促進並且相互牽制以取得平衡的關係，不能單看某個部位，應全身觀察才是重點。

肝

肝負責儲藏血液以及造血的功能。因為能調整血的量，所以與生理機能相關的症狀也有所關聯。還有包含對於脂肪的代謝及解毒，調節氣與血的流動，促進消化的功能。與自律神經之間也是息息相關，如果肝功能不好，便容易顯得焦躁不安、易怒，還可能因壓力而造成下痢或是便祕。肝和筋與腱、眼睛的功能有較高的關聯性，這些部位不舒服時建議可以適度攝取與肝有關連的**酸味食材**。

心

心臟除了將血液送往全身的功能之外，在中醫學理論上對於意識以及精神的安定也有關聯。心的功能如果降低就會產生心跳加速、呼吸不順或是心

律不整的現象，還可能會有情緒不穩或者是失眠、健忘的情形。在舌與脈上容易出現變化，因此建議可以利用與心較有關係的**苦味食材**，調整心的功能。

脾

脾能夠協助胃促進消化吸收，同時也有將營養轉化成氣、血的功能。脾的功能不佳時就容易出現浮腫或是下痢等與水分代謝相關的症狀。

消化吸收的能力衰退時，在肌肉及口、口的四周容易出現變化，若脾的功能良好則食慾佳，全身精力充沛。慢性疲勞與倦怠感大多也與「脾」相關，建議可以補充與脾關係較深的**甘味食材**。

肺

肺為與空氣相關聯，調節氣及水分的部位。功能在於呼吸以及將氣及水分送至全身。由於能夠補充水分滋潤粘膜，因此對於皮膚的保濕和保護功能、免疫力也有相當大的關係。如果功能衰減時便會明顯出現皮膚乾燥，或是容易引起異位性皮膚炎、花粉症等過敏症狀，也較容易罹患感冒。鼻子與喉嚨的粘膜也有相關，所以肺的狀況不佳時會引起鼻水

或是鼻塞、咳嗽、嗅覺異常和喉嚨的疼痛。若出現這些症狀時，建議可以藉由歸經於肺的**辛味食材**改善氣及水分的代謝。

腎

腎為泌尿器官，負責水分的代謝，也有儲藏生命力泉源的精力的功能。同時也調整動物生長發育與老化、賀爾蒙的分泌，因此與肌耐力的衰退或者是腰部問題、骨骼異常之間的關係也非同小可。腎功能如果下降，會產生聽力衰退、足腰無力、容易骨折或是牙齒脫落等現象。為了預防與泌尿相關的疾病與老化，建議適量攝取與腎關聯較深的**鹹味食材**。

八種體質與體質判斷

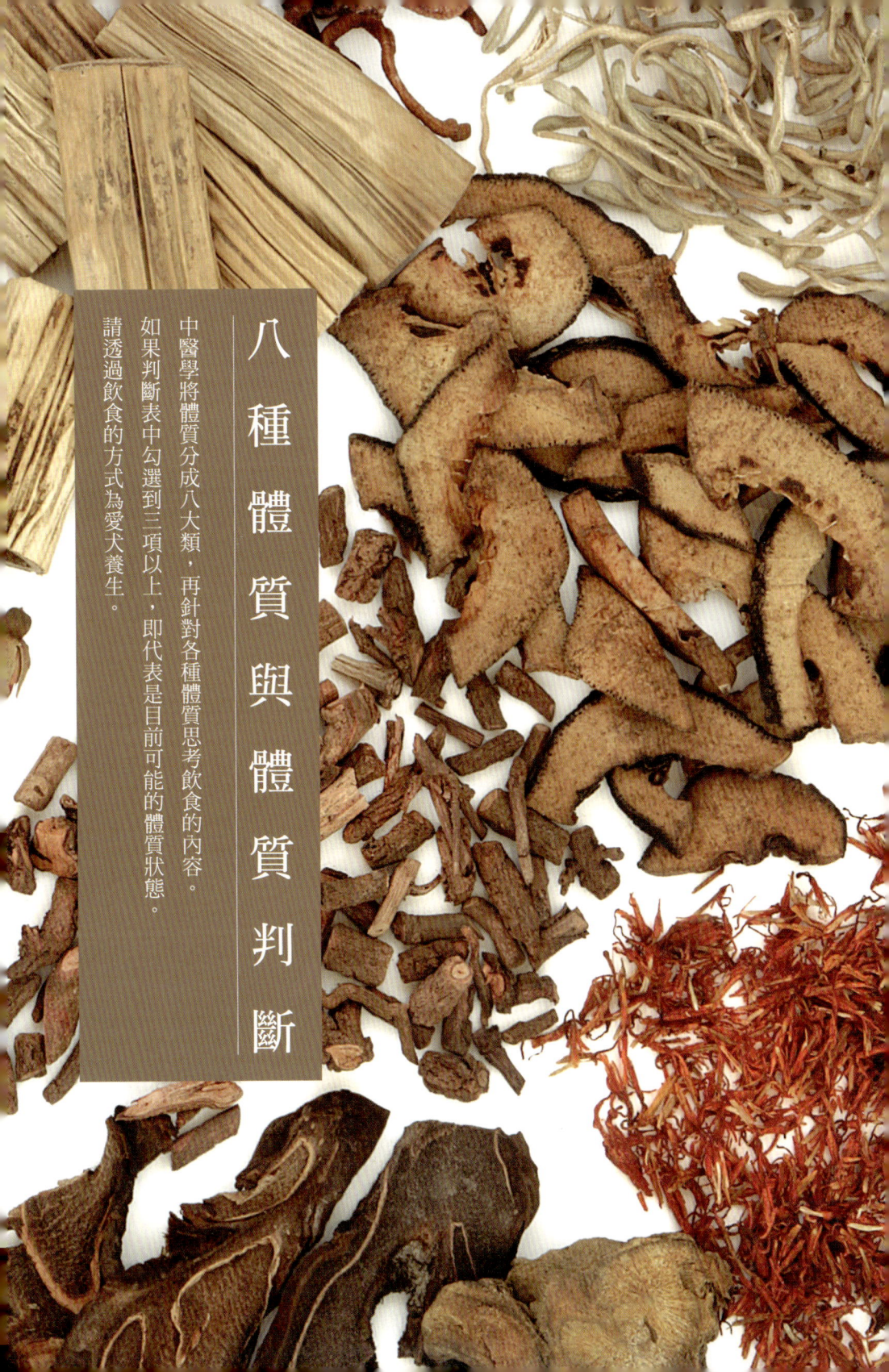

中醫學將體質分成八大類,再針對各種體質思考飲食的內容。如果判斷表中勾選到三項以上,即代表是目前可能的體質狀態。請透過飲食的方式為愛犬養生。

【氣虛】

氣虛體質的特徵

元氣、精神活力等，在生命力上擔任極重要角色的「氣」呈現不足的體質。

如果有充足的「氣」，並能順暢地在體內循環，便能維持健康。氣擁有能夠溫暖身體，防止血液及體液流出，以及將營養傳送到體內各個器官等功能，長期處於不足的狀態時則會引起血的不足或者是鬱滯。

氣虛形成的主因

氣可分為從父母繼承的「先天之氣」與從飲食及呼吸所衍化出的「後天之氣」。造成氣虛的原因有，出生時就罹患疾病的「先天之氣」不足，另外就是患有消化器官或是呼吸器官問題的「後天之氣」生成不足，以及慢性疾病、過勞、過度的繁殖所引起之氣的消耗等。

氣虛的症狀

精神狀況不佳容易出現疲勞、呼吸不順、食慾不振、消化不良等症狀。另外，不孕或是怕冷、容易出血等也是氣虛的症狀。

氣虛之改善

將不足之氣補足。食用氣含量豐富充足的新鮮食材所調理而成的餐食，還有早起散步呼吸晨間的清新空氣也是有效的方法。建議應注意規律正確的生活步調。

氣虛確認表

- □ 最近，無精打采沒有元氣
- □ 沒有食慾
- □ 容易疲勞
- □ 四肢冰冷
- □ 不太喜歡出門散步
- □ 容易出血
- □ 容易下痢
- □ 肉球的彈性變差
- □ 一直昏睡
- □ 舌色偏白

氣虛時建議之補「氣」的食材

雞肉、牛肉、南瓜、山藥、馬鈴薯、蕃薯、糙米、大豆等。建議避免食用會涼散身體的食材或是不容易消化的食材。

【血虛】

血虛體質的特徵

「血」因不足而在身體上產生變化的狀態。將氧氣與營養素運送到身體的各個細部，再把不需要的二氧化碳排出體外為血液的功能，此外，「血」還有使精神安定的功能。若「血」發生不足傾向的體質便稱為「血虛體質」。

血虛形成的主因

因貧血或伴隨出血症狀之慢性病所引起之血液不足，不均衡的飲食習慣或是食慾不振等原因的營養不良，導致血的生成能力降低均為血虛的原因。也會因為過度的壓力以及生活步調不規律、過勞造成耗血較多、藏血之肝機能下降而引起血虛。也有可能與氣虛同時發生的狀況。

血虛的症狀

血的功能無法充分發揮，容易在身體的末梢產生影響。由於營養未能完全地運行至全身，因而引起四肢冰冷、心悸或暈眩、精神不安定、毛色變差、脫毛等症狀，若血虛症狀未能獲得及時改善，則會對整體產生影響，繼而引發貧血或是心臟等疾病。

血虛之改善

將不足之血補足。按摩對於造血有效的穴位、給予使用有補血功效之食材所調理的膳食、改善生活步調與充分的睡眠等都能改善血虛的現象。

血虛確認表

☐ 皮膚乾燥
☐ 有貧血或是暈眩（走路搖晃）症狀
☐ 身體冷寒
☐ 指甲容易碎裂
☐ 眼睛乾澀或視力減退
☐ 毛色不佳且乾燥
☐ 消瘦傾向
☐ 有脫毛現象
☐ 淺眠
☐ 舌色偏白

血虛時建議之補「血」的食材

牛肉、鹿肉、肝臟、菠菜、毛豆等。

【血瘀】

血瘀體質的特徵

「血」的運行不順且停滯，形成濃稠黏液的狀態。對於血管會造成不良的影響，因而引起各式各樣的慢性疾病，增加高血壓等生活習慣病的風險。女性的婦人病原因經常被認為與「血瘀」有關。

血瘀形成的主因

生活習慣或是飲食不均衡、壓力所造成，也有可能因為年齡增加而惡化。運動不足等原因引起的身體冷寒導致肌肉或是血管收縮，血無法運行至身體各細部進而發生血瘀的現象。

血瘀的症狀

血的運行遲滯會造成新陳代謝廢物無法排出，導致血瘀，因此引發疼痛，除了是高血壓或是心臟疾病、腦部疾病、腎衰竭的原因之外，也與椎間盤突出或是腫瘤有相當大的關係。

血瘀之改善

避免會涼散身體的食物，建議多攝取能夠使血運行順暢的食材。注意適度的運動與散步，透過按摩等促進全身血流順暢也是非常重要的。

血瘀確認表

- □ 有身體冷寒現象
- □ 皮屑較多
- □ 情感的起伏較大
- □ 舌頭或是牙齦呈現紫色
- □ 容易出血
- □ 容易形成硬塊
- □ 怕冷
- □ 身體有疼痛現象
- □ 皮膚容易發生問題
- □ 有心臟病

血瘀時建議之使「血」運行順暢的食材

竹筴魚、鯖魚、沙丁魚、秋刀魚、木耳、青江菜等。建議避免脂肪含量較多的食材。

【氣鬱】

氣鬱體質的特徵

為生命力泉源的「氣」若是流動不順則會產生「氣鬱」。「氣」也有著促進體內物質移動（推動作用）的功能，能將「血」及「津液」運行到身體的各個細部，但如果發生「氣鬱」時，不只有「氣」無法循行，就連「血」、「津液」也無法在體內充分循行。

氣鬱形成的主因

受到精神上壓力或是激怒、情感、逆境等狀況時會有較大的影響。而除了因寒冷使得血管收縮、噪音或是不舒服的味道、濕氣或是強日曬等環境的原因之外，不規律的生活習慣或是飲食問題、年齡增加也是原因之一。如果氣鬱的情況一直持續的話將會造成血瘀。

氣鬱的症狀

氣的循行不良將會使得血與津液的循環也變差，進而引起臟器與組織的功能減退。出現的症狀有睡眠障礙、食慾不振、呼吸較淺、噯氣或是腹脹感等。更嚴重一點的話，也有可能會導致分離焦慮或是行為問題、憂鬱狀態、過食、胃炎等問題。

氣鬱之改善

不要累積過多壓力，重點在於發現有壓力時盡可能使其發散。充分地散步或運動、在放鬆的情況下進行按摩或是情感交流、食用能讓氣的循行較佳的食材調理的膳食都是有效的方法。如果確認壓力是主要的原因時，應先設法排除。

氣鬱確認表

☐ 焦躁不安且易怒
☐ 有便祕傾向
☐ 經常嘆氣或打哈欠
☐ 不喜歡被觸摸
☐ 噯氣或是排氣較多
☐ 眼部充血
☐ 有咳嗽症狀
☐ 容易嘔吐
☐ 腹部脹滿感
☐ 經常搔抓頭頸部

氣鬱時建議之促進「氣」循行的食材

建議食用西洋芹、青椒、蘘荷（茗荷、日本薑）、紫蘇、白蘿蔔、羅勒等香味較重的蔬菜。盡量避免脂肪量較多的飲食。

【陰虛】

陰虛體質的特徵

在中醫學中的思考方式是將宇宙萬物與現象都分類成陰與陽兩部份，各自變化也互相牽制以取得平衡的狀態。例如太陽（陽）與月亮（陰）、溫熱（陽）與寒冷（陰）等。而「陰虛」指的是體內的「陰」，也就是屬於「陰液」的「血」以及「津液」呈現不足的狀態。

陰虛形成的主因

陰液除了可以提供身體滋潤之外，也有將多餘的熱降溫的功能。如果血虛體質、濕熱症狀長時間未能獲得改善，血虛或者濕熱症狀迅速加重等狀況則會引起陰虛。

陰虛的症狀

涼散身體的機能減弱，熱因此堆積在體內使全身發熱，或者四肢發燙。有可能會引發喉嚨乾渴、眼部充血、消瘦傾向而且在肉球上有乾裂痕、口乾症、乾眼症、便祕、乾燥性皮膚炎、糖尿病、腎臟病、高血壓、腦中風等疾病。

陰虛確認表

- ☐ 容易口渴
- ☐ 怕熱
- ☐ 四肢發熱
- ☐ 焦躁不安
- ☐ 有便祕傾向
- ☐ 皮膚和被毛較為乾燥
- ☐ 尿量較少且顏色較濃
- ☐ 眼部乾燥
- ☐ 舌頭顏色較紅
- ☐ 脈搏較快

陰虛之改善

盡可能注意不要過度運動，建議要有充分的睡眠。避免攝取脂肪量過多的食物或是屬於熱性的食材，應使用水分較多的食物或是能將體內的熱降溫的食材。

陰虛時建議之補「陰」的食材

豬肉、雞蛋、牡蠣、山藥、秋葵、梨、西瓜等。

30

【陽虛】

陽虛體質的特徵

「陽虛」所指的是溫暖身體的「陽」之能力不足的狀態。陽之根本為「氣」，而溫暖身體的氣不足，身體呈現冷寒狀態便稱為「陽虛體質」。

陽虛形成的主因

使用過多使身體降溫的物質，或者是運動不足、大病初癒、手術後等過度消耗體內的氣等狀況，就容易形成陽虛。也有天生溫暖身體能力就比較差的狀況。

陽虛的症狀

以症狀來說，有手腳冰冷或者發抖、食慾不振、軟便、尿色較淡且量多、毛色黯淡、雙眼無神、肌肉較少且消瘦等。因身體冷寒造成血管收縮，會因血的循行停滯而發展成為血瘀，也有可能與痰濕結合使症狀更加惡化。慢性的下痢和膀胱炎、椎間盤突出、關節炎、神經痛、甲狀腺功能低下症等有時也可能是因為陽虛所引起。

陽虛之改善

避免食用冰冷或水分較多的食物，建議多使用溫暖身體的食材。在籠內等地方使用毛毯之類的保暖物，使其能夠溫暖身體。除此之外，透過運動或者是散步活動身體也是非常重要的。

陽虛確認表

☐ 怕冷
☐ 冬天時身體狀況容易變差
☐ 四肢冰冷
☐ 沒有食慾
☐ 上廁所的次數較多
☐ 尿量較多
☐ 容易下痢
☐ 毛色較差
☐ 舌頭顏色較白
☐ 不太想動

陽虛時建議之補「陽」的食材

羊肉、雞肉、生薑、小芋頭、核桃、松子、丁香等。

避免攝取水分過多或冰冷的食物。

【痰濕】

痰濕體質的特徵

滋潤體內的「津液」呈現混濁黏稠的狀態則稱之為「痰」。而「痰」累積過多以致無法排出，同時體內又帶有濕氣的體質便稱為「痰濕體質」。形成「痰」的「津液」如果過剩的話就會出現各種不同的症狀。

痰濕形成的主因

新陳代謝較時差，就容易累積「津液」、形成痰。主要的原因除了攝取過多的脂肪、或脂肪品質較差之外，消化吸收能力較差時也會形成痰。另外，年齡增加或者壓力等原因也有可能使狀況惡化。

痰濕的症狀

由於痰濕會導致各種不同的疾病，因此從體內要將痰排出時就會出現皮膚炎或者是嘔吐等症狀。痰惡化之後便會形成腫塊，也就是疣或腫瘤、膽泥、尿結石等。也有可能是引發關節炎以及癲癇、椎間盤突出、水腦症、支氣管炎、鼻炎、浮腫等的原因。

痰濕之改善

避免脂肪量較多的飲食或者甜食、冰冷的食物。可以在飲食中加入有利尿效果的食材，也可以透過運動以及散步、按摩的方式消除多餘的水分。

痰濕確認表

- □ 肉球較潮濕
- □ 喜歡脂肪較多的食物
- □ 肥胖傾向
- □ 容易下痢或軟便
- □ 有關節疼痛現象
- □ 不太散步
- □ 經常吃零食
- □ 舌頭較白且肥大狀
- □ 尿量較多
- □ 下雨天或陰天時體況變差

痰濕時建議之促進「津液」代謝的食材

小黃瓜、紅豆、冬瓜、薏苡仁、白菜、玉蜀黍等。

建議避免攝取冰冷或是脂肪含量較多的食物。

【濕熱】

濕熱體質的特徵

津液循行停滯且帶著熱的狀態稱之為濕熱。體內過剩之津液與熱造成氣血的循行不順暢，因而使得容易引起各種發炎症狀。

濕熱形成的主因

正常而言，運動時身體所產生的熱會消耗體內的津液，再從飲食轉化成津液以散除體內的熱。這樣的平衡狀態會因為偏食或者是暴飲暴食、壓力等原因而失衡，進而發展至濕熱體質。

濕熱的症狀

津液與熱的過剩狀態使得皮膚或消化器官容易發炎。

此外，體臭會變得較重，尿液的顏色也會較深且味道較為強烈。

濕熱之改善

飲食上應注意不得過量，重點在於讓過剩的津液循行順暢並確實將過多的熱散除。多做運動以及充分的睡眠也同樣重要。

濕熱確認表

□ 牙齦容易腫脹
□ 容易罹患口內炎
□ 被毛容易出油
□ 皮膚經常容易發炎
□ 口臭或體臭味道較重
□ 尿液顏色較深
□ 大便黏滯不爽，排不乾淨
□ 怕熱
□ 食慾旺盛
□ 舌頭顏色較紅

濕熱時建議之散除「濕」與「熱」的食材

薏仁、紅豆、冬瓜、白菜、芹菜、蓮藕、西瓜等。

食材事典的閱讀方法

體質：
幫助立即確認該食材在中醫學裡適合哪一種體質。

五味、五性、歸經：
各食材根據中醫學觀點上的指標（參考 P21～24）。

季節：
記載一般於市面上流通的時期。

老師的小叮嚀：
記載食材的特徵以及注意事項等內容。

引用來源：日本食品標準成分表 2015 年版（第七修訂版）。
- 記載表中標記的食材營養成分值。
- 熱量：食材可食部份每 100g 之 Kcal（千卡）。
- 熱量以外之營養素：每 100g 的重量。單位：g。
- 「Tr（微量、Trace）」是指含有之最小記載量的 1/10 以上，但未滿 5/10 的各項標示。（0）為推斷其中沒有含量之意。

關於食品名：
以一般所使用的名稱記載，但依地區不同，稱呼的方式或許有些差異。

關於食品分類：
本書中將食材以肉類、蔬菜等類別分成十種。也有一部份為本書獨自發展的分類。

⚠ 書中所記載的食材功能均為一般性的內容，並非有任何效果上的保證。另外，依據中醫學觀點的食材特性以及效能等，在不同的文獻中對於理解的方式以及思考方式也會有所不同。再者，個體的體質以及體況的差異對於食材的效果也會有所影響。
在實際給予愛犬食用時，尤其是與之前的飲食內容不同或者是因為生病、體況不良的情形下，請務必與動物醫師討論之後，飼主再自行判斷。

體質	氣虛　血瘀
五味	甘
五性	溫
歸經	胃・腎（也有加入肝經的學說）
季節	夏

中醫學之功效　　溫胃、補中、健腦

可對應的症狀 ▶　胃腸較寒、疼痛、食慾不振、疲勞、高血壓

竹筴魚
（鯵）

◉ 營養特性

含有豐富 Omega-3 脂肪酸（EPA、DHA）。鈣、鉀、鈉含量較多。谷氨酸、肌苷酸等鮮味成分高。

奈良老師的建議

蛋白質與脂質都很豐富的食材。是味道較濃厚的紅肉魚與水分較多較清淡且好消化的白肉魚兩種特徵都擁有的夏季魚類。Omega-3 由於容易氧化，建議使用新鮮的竹筴魚與含有維生素 C、E 或是 β-胡蘿蔔素的食品一起搭配食用。

日本竹筴魚 / 含皮 / 生肉

熱量	水分	蛋白質	脂質	碳水化合物	食物纖維（水溶性）	食物纖維（非水溶性）	食物纖維總量
126	75.1	19.7	4.5	0.1	(0)	(0)	(0)

為愛犬挑選的食材

嚴選 144 種

從營養學、中醫學的觀點詳細說明各種食材特徵，無論是手作鮮食還是做為飼料的輔助食物，都可以針對愛犬體質或是身體狀況，挑選出適合的食材。

【肉類】

是愛犬飲食中最重要的優良蛋白質來源。因此請選擇使用新鮮的肉類。不同部位的熱量與營養成分也大不相同。內臟並不能作為主要蛋白質來源而只是輔助食材，給予時請注意不宜過量。

體質	氣虛	血虛	血瘀	氣鬱	陰虛	陽虛	痰濕	濕熱

五味	甘	五性	溫（平）

歸經	脾、胃

中醫學之功效 溫中、補氣、益精、填髓、降逆

可對應的症狀 ▶ 體力降低、疲勞、食慾不振、脾虛引起的下痢、體寒引起的嘔吐、打嗝、噯氣、母乳不足

雞胸肉

● **營養特性**

雞胸部份。含有豐富蛋白質，脂質較少，由於纖維較細因此肉質較軟。含皮的部份由於有較多皮下脂肪，相對熱量也較高。

奈良老師的建議

雞肉在必需脂肪酸上的均衡程度比起牛肉與豬肉較好，肉裡幾乎沒有脂肪。因此只要將皮去除之後，就是單純的蛋白質來源，是非常容易使用的食材。另外，雞胸肉脂質雖然為動物性，但含有較多的不飽和脂肪酸，也是非常容易吸收的必需脂肪酸來源。肉質柔軟且容易煮熟，消化性佳。不論在任何的成長期或生活型態以及任何季節都是很方便運用在飲食中的食材。

白肉雞 / 雞胸 / 不含皮、生肉

熱量	水分	蛋白質	脂質	碳水化合物	食物纖維（水溶性）	食物纖維（非水溶性）	食物纖維總量
116	74.6	23.3	1.9	0.1	(0)	(0)	(0)

體質	氣虛	血虛	血瘀	氣鬱	陰虛	陽虛	痰濕	濕熱

五味	甘	五性	溫（平）	歸經	脾、胃

中醫學之功效　　溫中、補氣、益精、填髓、降逆

可對應的症狀 ▶　體力降低、疲勞、食慾不振、脾虛引起的下痢、體寒引起的嘔吐、打嗝、噯氣、母乳不足

雞腿肉

● **營養特性**
大腿部份。經常運動的關係因此肉質上稍微硬些。就算不含皮部，比起雞胸肉或雞里肌來說脂質還是高些，鋅的含量也較多。

白肉雞 / 大腿 / 不含皮、生肉

熱量	水分	蛋白質	脂質	碳水化合物	食物纖維 （水溶性）	食物纖維 （非水溶性）	食物纖維總量
127	76.1	19	5	0	(0)	(0)	(0)

體質	氣虛	血虛	血瘀	氣鬱	陰虛	陽虛	痰濕	濕熱

五味	甘	五性	溫（平）	歸經	脾、胃

中醫學之功效　　溫中、補氣、益精、填髓、降逆

可對應的症狀 ▶　體力降低、疲勞、食慾不振、脾虛引起的下痢、體寒引起的嘔吐、打嗝、噯氣、母乳不足

雞翅

● **營養特性**
雞翅部份。含有較多構成脂質、骨骼或皮膚、結締組織的構造蛋白質—膠原蛋白。

白肉雞 / 雞翅 / 不含皮、生肉

熱量	水分	蛋白質	脂質	碳水化合物	食物纖維 （水溶性）	食物纖維 （非水溶性）	食物纖維總量
210	68.1	17.8	14.3	0	(0)	(0)	(0)

體質	氣虛	血虛	血瘀	氣鬱	陰虛	陽虛	痰濕	濕熱
	●					●	●	

五味 甘　　　**五性** 溫（平）

歸經 脾、胃

中醫學之功效 溫中、補氣、益精、填髓、降逆

可對應的症狀 ▶ 體力降低、疲勞、食慾不振、脾虛引起的下痢、體寒引起的嘔吐、打嗝、噯氣、母乳不足

雞里肌

● 營養特性

雞胸肉的一部份。在所有雞肉中蛋白質含量最高，且低脂質。肉質最軟，消化性高。

白肉雞 / 里肌 / 生肉

熱量	水分	蛋白質	脂質	碳水化合物	食物纖維（水溶性）	食物纖維（非水溶性）	食物纖維總量
105	75	23	0.8	0	(0)	(0)	(0)

體質	氣虛 血虛 血瘀 氣鬱 陰虛 陽虛 痰濕 **濕熱**
五味	甘、酸
五性	寒（涼）
歸經	肝、脾
中醫學之功效	清熱、降氣、強筋骨
可對應的症狀 ▶	體力降低、疲勞、虛弱體質、貧血、後肢虛弱

肉類

馬肉

● **營養特性**
主成分為蛋白質與脂質。蛋白質含量高且低脂質。肉質稍硬。鋅含量僅次於牛肉，但鐵含量是牛肉的大約1.5倍之多。

奈良老師的建議
狗狗手作鮮食中，鋅是比較容易不足的營養素之一。因此可以做為補給來源，建議與雞肉等容易消化的肉類一起搭配。

梅原老師的建議
具有緩解體內熱性的功效，尤其對於發燒、肌肉或關節的腫脹有不錯的效果。

紅肉 / 生肉

熱量	水分	蛋白質	脂質	碳水化合物	食物纖維（水溶性）	食物纖維（非水溶性）	食物纖維總量
110	76.1	20.1	2.5	0.3	(0)	(0)	(0)

體質			氣虛	血虛	血瘀	氣滯	陰虛	陽虛	痰濕	濕熱

五味	甘	五性	平（溫）
歸經	脾、胃		

中醫學之功效：補氣、健脾、活血、補血、強筋骨

可對應的症狀 ▶ 疲勞、貧血、脾虛引起之下痢、食慾不振、慢性病引起之衰弱、水腫、後肢虛弱

牛肉

● 營養特性

主成分為蛋白質與脂質。依據不同部位，蛋白質、脂質的含有量也有大幅度的差異。里肌、腿肉、嫩里肌、腰內肉的紅肉部份含有高蛋白質，且在牛肉之中屬於低脂質。鐵、鋅含量也較多。

奈良老師的建議：牛肉的脂質幾乎都是飽和脂肪酸。吸收率高容易轉換成熱量，但容易增加血液中的中性脂肪，因此對於脂質代謝較差的犬種在餵食的量上必須注意。進口牛肉在紅肉部份比和牛多而且脂質較低，肉質也因而較硬，在消化上必須花較多的時間。

和牛肉 / 肩部 / 紅肉、生肉

熱量	水分	蛋白質	脂質	碳水化合物	食物纖維（水溶性）	食物纖維（非水溶性）	食物纖維總量
201	66.3	20.2	12.2	0.3	(0)	(0)	(0)

體質	氣虛	血虛	血瘀	氣鬱	陰虛	陽虛	痰濕	濕熱
	●	●			●			

肉類

五味	甘、鹹	五性	平

歸經 脾、胃、腎

中醫學之功效 滋陰、補氣、補血、補腎

可對應的症狀 ▶ 乾咳、乾燥型便祕、皮膚乾燥、口乾、母乳不足、體力下降、疲勞

豬肉

● 營養特性

主成分為蛋白質與脂質。依據不同部位，蛋白質、脂質的含有量也有大幅度的差異。嫩里肌、紅肉部份含有高蛋白質、低脂質。維生素B_1的含有率在全食品中也是名列前茅。

> **奈良老師的建議**
>
> 在豬肉的脂質組成裡，飽和脂肪酸為**牛肉＞豬肉＞雞肉**，不飽和脂肪酸為**雞肉＞豬肉＞牛肉**，可以看出其特徵在於飽和脂肪酸與不飽和脂肪酸兩者的含量較多。嫩里肌的紅肉與雞胸肉（不含皮）有幾乎同量的蛋白質與脂質含有量。如果在無法給予雞肉的狀況下，以蛋白質來源來看是方便使用的代用食品。

肩部 / 紅肉、生肉

熱量	水分	蛋白質	脂質	碳水化合物	食物纖維（水溶性）	食物纖維（非水溶性）	食物纖維總量
123	74	21.4	3.5	0	(0)	(0)	(0)

體質	氣虛	血虛	血瘀	氣鬱	陰虛	陽虛	痰濕	濕熱

五味	甘	五性	熱（大熱）

歸經	脾、胃

中醫學之功效　補氣、補虛損、溫中、暖腰膝、通乳

可對應的症狀 ▶　疲勞、脾腎兩虛引起慢性下痢、腰部及下半身寒冷及疼痛、母乳不足、體力降低

羊肉

● 營養特性
主成分為蛋白質與脂質。肩胛肉的脂質較高，里肌肉含有豐富的蛋白質與脂質，腿肉是羊肉中脂質含量較少的部位。含有維生素B_1、B_2。

> **梅原老師的建議**
> 補氣的功效能夠強壯身體。由於溫暖身體的效果較強，因此能夠改善血虛所造成的寒氣，對於身體較寒的動物，又或者因為體寒而造成的腰痛或者體力降低也有效果。另外也能夠改善因為血虛而造成的母乳不足。

肩部 / 帶脂肪、生肉

熱量	水分	蛋白質	脂質	碳水化合物	食物纖維（水溶性）	食物纖維（非水溶性）	食物纖維總量
233	64.8	17.1	17.1	0.1	(0)	(0)	(0)

| 體質 | 氣虛 | 血虛 | 血瘀 | 氣鬱 | 陰虛 | 陽虛 | 痰濕 | 濕熱 |

（氣虛、血虛、陽虛為標示）

| 五味 | 甘、鹹 | 五性 | 溫（平） |

| 歸經 | 腎、脾、胃 |

| 中醫學之功效 | 補陽、益精、養血、強筋骨 |
| 可對應的症狀 ▶ | 疲勞、四肢冰冷、不孕、足腰虛弱 |

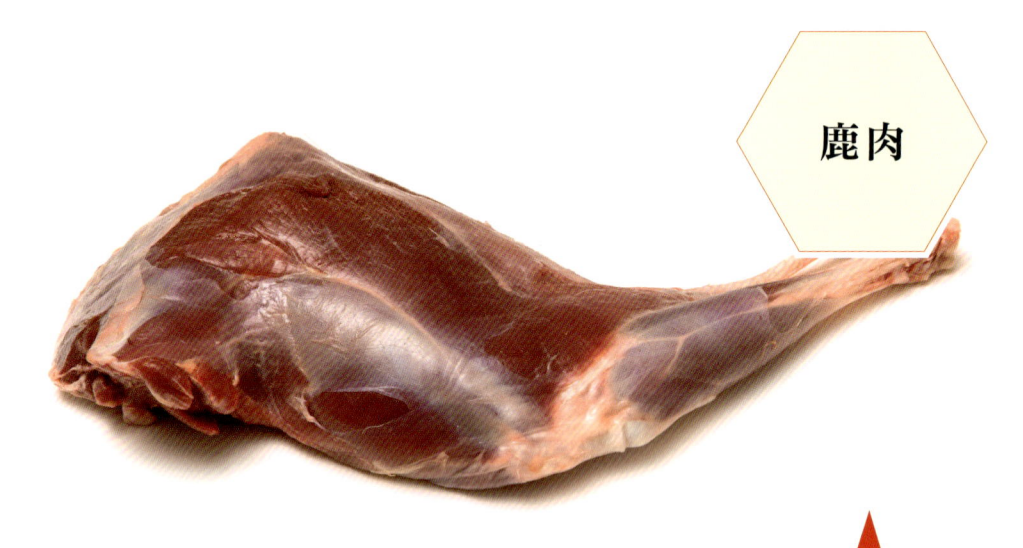

鹿肉

● 營養特性
主成分為蛋白質。脂質較少，含有豐富的維生素B₁、B₂。

奈良老師的建議
銅的含有量比其他肉類多，因此容易罹患銅蓄積性肝臟病的西高地或貝林登㹴犬需要特別注意。

梅原老師的建議
在中醫學裡面，鹿肉被認為是構成肌肉和骨骼、溫暖身體、改善虛弱體質最適合的食材。在疾病的預防以及復原期是非常建議的食材。

日本梅花鹿 / 紅肉、生肉

熱量	水分	蛋白質	脂質	碳水化合物	食物纖維 （水溶性）	食物纖維 （非水溶性）	食物纖維總量
147	71.5	22.6	5.2	0.6	(0)	(0)	(0)

| 體質 | 氣虛 | **血虛** | 血瘀 | 氣鬱 | **陰虛** | 陽虛 | 痰濕 | 濕熱 |

| 五味 | 甘、苦 | 五性 | 溫 |

| 歸經 | 肝、腎、脾 |

中醫學之功效　補血、補肝、補腎、明目

可對應的症狀 ▶　貧血、眼睛疲勞、視力減弱

雞肝

● **營養特性**

雞的肝臟。維生素A與鐵質含量特別高。B_1、B_2、C也很豐富。蛋白質雖然比肉類較少但比例上算是高的。

奈良老師的建議

對於狗狗來說是適口性較高的食材，但因為蓄積在肝臟的脂溶性維生素A較為豐富，如果過量攝取會引起中毒現象。特別是飼料中已經添加了充分的維生素A，以飼料為主食的狀況下建議不要每天當成是零食給予為佳。

梅原老師的建議

在中醫學裡認為有補肝的效果，同時也有造血的功能。對於有肝疾病的動物，或者因高齡容易發生眼部疾病的動物也有不錯的效果，因此可以預防這些症狀的發生。另外對於焦躁不安的動物或者體力較差的動物也有良好的效果。在使用時必須注意給予的量。

肝臟 / 生肉

熱量	水分	蛋白質	脂質	碳水化合物	食物纖維（水溶性）	食物纖維（非水溶性）	食物纖維總量
111	75.7	18.9	3.1	0.6	(0)	(0)	(0)

| 體質 | 氣虛 | 血虛 | 血瘀 | 痰鬱 | 陰虛 | 陽虛 | 燥熱 | 濕熱 |

| 五味 | 甘、鹹 | 五性 | 平（溫） | 歸經 | 心 |

| 中醫學之功效 | 補血、養心、安神、鎮驚 |

可對應的症狀 ▶ 心臟相關之疾病

● 營養特性

雞的心臟。富含維生素A、B$_1$、B$_2$、C、E。與含皮雞肉的脂質量相差不多。

雞心

心臟 / 生肉

熱量	水分	蛋白質	脂質	碳水化合物	食物纖維（水溶性）	食物纖維（非水溶性）	食物纖維總量
207	69	14.5	15.5	Tr	(0)	(0)	(0)

| 體質 | 氣虛 | 血虛 | 血瘀 | 痰鬱 | 陰虛 | 陽虛 | 燥熱 | 濕熱 |

| 五味 | 甘 | 五性 | 平（溫） | 歸經 | 胃、小腸、膀胱 |

| 中醫學之功效 | 補氣、健脾、和胃、通淋 |

可對應的症狀 ▶ 消化不良、預防結石

● 營養特性

雞胃的肌肉。含有與肝臟差不多的蛋白質，低脂質、低熱量。

雞胗

沙囊 / 生肉

熱量	水分	蛋白質	脂質	碳水化合物	食物纖維（水溶性）	食物纖維（非水溶性）	食物纖維總量
94	79	18.3	1.8	Tr	(0)	(0)	(0)

肉類

| 體質 | 氣虛 | 血虛 | | | 陰虛 | | | |

| 五味 | 甘 | 五性 | 平 | 歸經 | 肝、脾 |

中醫學之功效　　養肝、補血、明目

可對應的症狀 ▶　貧血、夜盲症、白內障

牛肝

● 營養特性
蛋白質、維生素A、B_1、B_2、C、鐵的含量豐富。

肝臟 / 生肉

熱量	水分	蛋白質	脂質	碳水化合物	食物纖維（水溶性）	食物纖維（非水溶性）	食物纖維總量
132	71.5	19.6	3.7	3.7	(0)	(0)	(0)

| 體質 | | 血虛 | | | | | | |

| 五味 | 甘、苦 | 五性 | 溫 | 歸經 | 肝、脾、胃 |

中醫學之功效　　養肝、明目、補血、利水

可對應的症狀 ▶　肝血虛引起之視力減弱、浮腫、貧血

● 營養特性
蛋白質、維生素A、B_1、B_2、C、鐵含量豐富。鐵的含量約為牛肝的3倍。

豬肝

梅原老師的建議

中醫學中認為對於肝功能下降的動物來說，有造血功能的肝臟是有其效果的。另外對於視力的減弱和結膜炎等眼疾、浮腫也有幫助。與其他的肝臟相同，對於焦躁不安的動物、體力較差的動物也有不錯的效果。在使用時必須注意給予的量。

肝臟 / 生肉

熱量	水分	蛋白質	脂質	碳水化合物	食物纖維（水溶性）	食物纖維（非水溶性）	食物纖維總量
128	72	20.4	3.4	2.5	(0)	(0)	(0)

【魚貝、海藻類】

魚類與肉類相同是優良的蛋白質來源。

選擇新鮮的魚，先將魚骨等比較大的刺去除之後再使用。

貝類、海藻類在中醫學雖有一定的效果，但對於狗狗來說是不太容易消化的食材。請注意不要使用過量。

若要使用鹽漬過的海藻類食材時，建議先用清水充分沖洗過後再使用。

體質		氣虛	血虛			陰虛	陽虛	

五味	鹹（甘）	五性	平
歸經	肝、腎、脾	季節	冬

中醫學之功效 補氣、補血

可對應的症狀 ▶ 疲勞、呼吸不順、頭暈、心悸

鱈魚

● 營養特性
含水量高、低脂質。谷氨酸及肌苷酸含量較高，因此雖然清淡，但是鮮味度較強。維生素D含量相對來說也比較高。

奈良老師的建議
為冬天的白肉魚。由於有豐富的蛋白質含量，而且脂質較低，對於消化來說是很優秀的食材。在減重中或者高齡犬的飲食中是非常適合的魚類。

真鯛 / 生肉

熱量	水分	蛋白質	脂質	碳水化合物	食物纖維（水溶性）	食物纖維（非水溶性）	食物纖維總量
77	80.9	17.6	0.2	0.1	(0)	(0)	(0)

體質	氣虛	血虛	血瘀	氣鬱	陰虛	陽虛		

五味	甘	五性	溫
歸經	脾、胃	季節	依種類不同而異

中醫學之功效　補氣、補血、溫中、理氣、滑腸、活血

可對應的症狀 ▶　疲倦感、疲勞、貧血、胃腸較寒、胃腸虛弱、下痢、頭暈

魚貝、海藻類

鮭魚

● 營養特性
蛋白質、脂質含量豐富。
EPA、DHA、維生素A、
B群、D、E也較多。

奈良老師的建議

秋天到冬天之間的白肉魚，含有稱為蝦青素的色素使身體發出獨特的色澤，同時也有高抗氧化效果。一般來說鮭魚有「白鮭」與「銀鮭」兩種，銀鮭為養殖魚，比天然的白鮭高出3倍的脂質。另外，虹鱒（Salmon Trout）也屬於高脂質，如果以相同分量給予時會有脂質過量的問題，應多加注意。

白鮭 / 生肉

熱量	水分	蛋白質	脂質	碳水化合物	食物纖維（水溶性）	食物纖維（非水溶性）	食物纖維總量
133	72.3	22.3	4.1	0.1	(0)	(0)	(0)

體質	氣虛 血虛　　　　陰虛 陽虛		
五味	甘	五性	溫
歸經	肝、脾	季節	冬
中醫學之功效	補氣、補血、補陽		
可對應的症狀 ▶	貧血、白帶、虛弱體質、被毛乾躁		

鮪魚

● 營養特性

高蛋白質、低脂質，脂肪部份含有較多的維生素A、E、DHA。紅肉部份低脂質、低熱量。血合肉中含有豐富的鐵、鉀等。

奈良老師的建議：冬天的紅肉魚，含有豐富的不飽和脂肪酸。另一方面，中性脂肪的比例較高，因此像是迷你雪納瑞犬種可能患有遺傳性因素的高血脂症，或是有脂質代謝較差體質的情形，在給予的量與頻率上建議減少。

黃鰭鮪 / 生肉

熱量	水分	蛋白質	脂質	碳水化合物	食物纖維（水溶性）	食物纖維（非水溶性）	食物纖維總量
112	74	24.3	1	Tr	(0)	(0)	(0)

體質	氣虛	血虛	血瘀		陽虛		

五味	甘	五性	溫
歸經	脾、肝、腎	季節	6～10月

中醫學之功效　健脾、補氣、健腦、活血、明目、安神、強筋骨

可對應的症狀 ▶ 氣血兩虛引起之疲勞、暈眩、浮腫、血瘀引起之症狀、高血壓、糖尿病、失眠

沙丁魚
（鰯）

● **營養特性**

DHA的含量僅次於鮪魚的脂肪部份，EPA則是含量最高。維生素D及鈣的含有量較多。維生素方面，B_2、維生素B_{12}含量豐富。

奈良老師的建議

夏天到冬天的青魚類。因為有許多細小的魚刺，應小心去除，又或者使用包含魚刺一起食用的調理方式也是不錯的選擇。脂質容易氧化，所以搭配有抗氧化作用的黃綠色蔬菜一起調理是一大重點。

日本鰮 / 生肉

熱量	水分	蛋白質	脂質	碳水化合物	食物纖維（水溶性）	食物纖維（非水溶性）	食物纖維總量
192	68.2	18.2	12.1	0.3	(0)	(0)	(0)

魚貝、海藻類

體質	氣虛	血瘀				

五味	甘	五性	溫
歸經	胃、腎（也有加入肝經的學說）	季節	夏

中醫學之功效 　溫胃、補中、健腦

可對應的症狀 ▶　　胃腸較寒、疼痛、食慾不振、疲勞、高血壓

竹筴魚
（鯵）

● 營養特性
含有豐富Omega-3脂肪酸（EPA、DHA）。鈣、鉀、鈉含量較多。谷氨酸、肌苷酸等鮮味成分高。

奈良老師的建議
蛋白質與脂質都很豐富的食材。是味道較濃厚的紅肉魚與水分較多較清淡且好消化的白肉魚兩種特徵都擁有的夏季魚類。Omega-3由於容易氧化，建議使用新鮮的竹筴魚與含有維生素C、E或是β-胡蘿蔔素的食品一起搭配食用。

日本竹筴魚 / 含皮 / 生肉

熱量	水分	蛋白質	脂質	碳水化合物	食物纖維（水溶性）	食物纖維（非水溶性）	食物纖維總量
126	75.1	19.7	4.5	0.1	(0)	(0)	(0)

體質	氣虛	血虛	血瘀	水滯	陰虛	陽虛	痰濕	濕熱

五味	甘	五性	平（微溫）
歸經	脾、胃、腎	季節	冬、春

中醫學之功效	補氣、補血、化痰、利濕、通乳
可對應的症狀 ▶	疲勞、食慾不振、浮腫、乳量不足

鯛魚

● 營養特性

蛋白質含量較多、低脂質。雖屬清淡，因谷氨酸及肌苷酸含量豐富，鮮味度較高。

奈良老師的建議：容易消化，對於高齡犬或是腸胃疲勞時的蛋白質來源也非常適合。鮮味成分含量較高的關係，利用在湯品上也非常適合。

真鯛 / 天然、生肉

熱量	水分	蛋白質	脂質	碳水化合物	食物纖維（水溶性）	食物纖維（非水溶性）	食物纖維總量
142	72.2	20.6	5.8	0.1	(0)	(0)	(0)

體質	氣虛	血虛		陰虛	陽虛	

五味	甘	五性	平
歸經	腎、脾	季節	春（初鰹）、秋（洄游鰹）
中醫學之功效	補氣、補血、健胃、益精		
可對應的症狀 ▶	胃腸虛弱、疲勞、貧血、失眠、被毛乾躁		

鰹魚

◉ 營養特性

含有豐富的蛋白質以及鮮味成分的肌苷酸。在血合肉中含有較多的維生素B$_{12}$、菸鹼酸、鐵、牛磺酸。春季捕獲的鰹魚為低脂質，秋季的鰹魚比起春季有大約12倍多的脂質含有量。

奈良老師的建議

春季到秋季之間的紅肉魚。牛磺酸在肝臟的解毒作用上是非常重要的營養素。在肝臟代謝較活化的春季，建議可以添加在飲食之中。血合肉雖然含有豐富的營養素，在新鮮度下降時，會使得造成過敏原因的組織胺形成。

鰹魚 / 春天捕獲、生肉

熱量	水分	蛋白質	脂質	碳水化合物	食物纖維（水溶性）	食物纖維（非水溶性）	食物纖維總量
114	72.2	25.8	0.5	0.1	(0)	(0)	(0)

體質	氣虛　　血瘀
五味	甘
五性	平（溫）
歸經	脾、胃（也有加入心、肺經的學說）
季節	夏、秋
中醫學之功效	補虛損、健胃、活血
可對應的症狀 ▶	胃腸虛弱、食慾不振、疲勞、血瘀引起之症狀

魚貝、海藻類

秋刀魚

● 營養特性

含有較多蛋白質、脂質。也含有豐富的維生素 B_{12}、D 以及 DHA、EPA。維生素 D 含量比沙丁魚更多。

奈良老師的建議

秋天的紅肉魚。因脂質高的關係熱量也較高，含量比起竹莢魚或鰹魚等的紅肉魚有 2.5 倍之多。在適口性上雖然較好，但必須注意給予食用的量。由於容易氧化，建議與含有較多 β-胡蘿蔔素或維生素 E 的黃綠色蔬菜一起搭配使用。

含皮／生肉

熱量	水分	蛋白質	脂質	碳水化合物	食物纖維（水溶性）	食物纖維（非水溶性）	食物纖維總量
318	55.6	18.1	25.6	0.1	(0)	(0)	(0)

| 體質 | | | | | | | 痰濕 | 濕熱 |

五味	鹹	五性	寒
歸經	肝、胃、腎（也有加入脾經的學說）	季節	於夏、秋採收，乾燥後成品
中醫學之功效	軟堅、利水、清熱、明目、化痰、止血		
可對應的症狀 ▶	高血壓、甲狀腺腫、睪丸腫大、浮腫、便祕、腫塊		

昆布

● 營養特性

富含鈣、β-胡蘿蔔素、維生素B₂、鐵、食物纖維。鈉、鉀、磷、鎂、碘的含量也很高。

梅原老師的建議

有緩解高血壓以及浮腫的利水效果，以及消解腫塊的軟堅效果。另外因含有碘，也能夠使用在甲狀腺腫上。海帶嫩芽與昆布雖然都有幾乎相同的特性，但昆布被認為效果較高。只是在消化上容易造成負擔，在使用時應先泡軟後切細，或者可以研磨成粉狀。建議必須要注意給予食用的量。

真昆布 / 風乾

熱量	水分	蛋白質	脂質	碳水化合物	食物纖維（水溶性）	食物纖維（非水溶性）	食物纖維總量
145	9.5	8.2	1.2	61.5	-	-	27.1

體質		血虛			陰虛		痰濕	濕熱

五味	鹹	五性	寒
歸經	肝、腎	季節	春

中醫學之功效 軟堅、消炎、清熱、榮髮、補血、養心

可對應的症狀 ▶ 貧血、脫毛、皮膚乾燥、硬塊、疼痛、麻痺、浮腫、甲狀腺腫、骨質疏鬆、精神不安、失眠

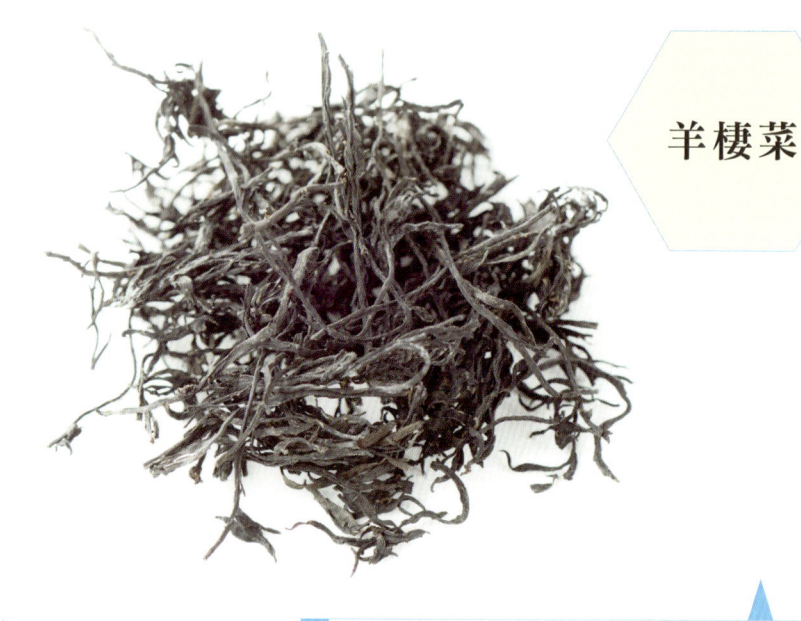

羊棲菜

● 營養特性
富含鈣、鐵、鉀、碘、食物纖維。乾燥羊棲菜的鈣含量為昆布的兩倍。碘的含量在海藻類中最高。

梅原老師的建議
在中醫學裡羊棲菜有使血循以及水分代謝順暢的效果。對於化痰、消除腫塊、麻痺、浮腫等也有效果。特別是黑色較濃的羊棲菜被認為營養價值較高，中醫學上的效能也較高。

乾燥羊棲菜 / 不鏽鋼鍋加工、乾燥

熱量	水分	蛋白質	脂質	碳水化合物	食物纖維（水溶性）	食物纖維（非水溶性）	食物纖維總量
149	6.5	9.2	3.2	58.4	-	-	51.8

魚貝、海藻類

體質							痰濕	濕熱

五味	鹹	五性	寒
歸經	肝、胃、腎	季節	冬

中醫學之功效 清熱、化痰、軟堅、利水

可對應的症狀 ▶ 便祕、排尿不順、浮腫、甲狀腺腫

海帶嫩芽

● 營養特性

鈣、β-胡蘿蔔素、維生素B₂、鐵、食物纖維的含量豐富。鈉、鉀、磷、鎂、碘的含量也較高。

奈良老師的建議：生的與乾燥的海帶嫩芽之間，營養素或是食物纖維量等特色有將近10倍的營養濃度差別。因此請依據使用時的狀態，注意給予食用時的重量。

海帶嫩芽 / 原藻、生

熱量	水分	蛋白質	脂質	碳水化合物	食物纖維（水溶性）	食物纖維（非水溶性）	食物纖維總量
16	89	1.9	0.2	5.6	-	-	3.6

| 體質 | | | | | | | | 痰濕 | 濕熱 |

五味	甘、鹹	五性	寒
歸經	肺	季節	冬

中醫學之功效 化痰、軟堅、清熱、利水、利咽、止咳

可對應的症狀 ▶ 咳、痰、咽喉痛、甲狀腺腫、浮腫、排尿不順、腫塊

魚貝、海藻類

海苔

● **營養特性**
含有較多的鈣、鐵、β-胡蘿蔔素、維生素B_1、B_2、食物纖維。

奈良老師的建議：海苔的鈣及鐵的含量在海藻類中為最多，鈉含量也比烤過的海苔高約6倍。因此有鈉限制的狀況時，請留意使用。

海苔 / 乾燥

熱量	水分	蛋白質	脂質	碳水化合物	食物纖維（水溶性）	食物纖維（非水溶性）	食物纖維總量
164	6.5	29.4	5.2	41	-	-	35.2

體質	氣虛 血虛 ~~血瘀~~ ~~氣滯~~ 陰虛 ~~陽虛~~ ~~痰濕~~ ~~濕熱~~
五味	甘、鹹
五性	平
歸經	心、肝、腎
季節	冬
中醫學之功效	滋陰、補血、安神、補虛損
可對應的症狀 ▶	陰虛引起之微熱感、失眠、精神不安、煩躁、心悸、貧血、疲勞

牡蠣

● **營養特性**

鐵、銅、鋅、鎂、牛磺酸的含量豐富。在貝類中的碳水化合物及脂質含量屬於較多的種類。

梅原老師的建議

被稱之為「海中的牛奶」，營養價值很高的食材。富含能夠改善肝功能的肝醣、牛磺酸以及能夠強化睪丸和前列腺功能的鋅。由於鋅不容易被身體吸收，因此與維生素C一起攝取較能夠提升效果。在中醫學的效果上，能夠促進解毒、消除硬塊、補血，所以對於焦躁或不安感、失眠、壓力或者因為過勞引起之疲勞也很有效。另外，也是滋潤身體最適合的食材。

養殖、生

熱量	水分	蛋白質	脂質	碳水化合物	食物纖維 （水溶性）	食物纖維 （非水溶性）	食物纖維總量
70	85	6.9	2.2	4.9	(0)	(0)	(0)

| 體質 | 氣虛 | **血虛** | 血瘀 | 氣鬱 | 陰虛 | 陽虛 | 痰濕 | 濕熱 |

五味	甘、鹹	五性	寒
歸經	肝	季節	夏

中醫學之功效	清熱、利濕、解毒、止痛、安神、補血
可對應的症狀 ▶	排尿不順、口乾、貧血、發燒引起之胸悶、黃疸、多發性神經病變（腳氣）

蜆

● **營養特性**

鈣、鐵含量較多，富含維生素 B_2、B_{12}。含有均衡的必須胺基酸，以及能夠協助肝臟解毒的鳥胺酸。

梅原老師的建議

在中醫學的性質上，有能夠抑制發燒及解毒的效果。形成蛋白質的胺基酸含量也非常均衡。特別是胺基酸之一的鳥胺酸能夠保護肝功能以及促進胺的解毒。能幫助紅血球生成的維生素B_{12}由於含量較多，對於貧血症狀建議與含有鐵質較高的食材並用。

生

熱量	水分	蛋白質	脂質	碳水化合物	食物纖維 （水溶性）	食物纖維 （非水溶性）	食物纖維總量
64	86	7.5	1.4	4.5	(0)	(0)	(0)

| 體質 | 氣虛 | 血虛 | 血瘀 | 氣鬱 | 陰虛 | 陽虛 | 痰濕 | 濕熱 | 季節 | 春 |

五味　　　甘、鹹　　　　五性　　　寒　　　　歸經　　　肝、腎、脾、胃

中醫學之功效　　清熱、化痰、利水、安神、瀉火、補血

可對應的症狀 ▶　色黃且黏稠的痰、貧血、疲勞、精神不安、煩躁、浮腫、排尿不順

蛤蜊

● **營養特性**
鐵、維生素B$_{12}$的含量豐富。維生素B$_2$、牛磺酸、鎂的含量也較多。貝類特有的鮮味成分琥珀酸含量僅次於帆立貝。

生

熱量	水分	蛋白質	脂質	碳水化合物	食物纖維（水溶性）	食物纖維（非水溶性）	食物纖維總量
30	90.3	6	0.3	0.4	(0)	(0)	(0)

| 體質 | 氣虛 | 血虛 | 血瘀 | 氣鬱 | 陰虛 | 陽虛 | 痰濕 | 濕熱 | 季節 | 冬、春 |

五味　　　甘、鹹　　　　五性　　　平　　　　歸經　　　脾、胃、腎

中醫學之功效　　調中、下氣、止渴、利臟、袪滯、縮尿

可對應的症狀 ▶　疲勞、陰虛引起之暈眩或是微熱感、口乾、食慾不振、消化不良、煩躁

帆立貝

● **營養特性**
在貝類之中屬於高蛋白質。其他還有維生素B$_2$、鐵、鋅的含量較多，特別是牛磺酸含量僅次於牡蠣。干貝在營養價值、鮮味、藥效上都比未曬乾前高。

生

熱量	水分	蛋白質	脂質	碳水化合物	食物纖維（水溶性）	食物纖維（非水溶性）	食物纖維總量
72	82.3	13.5	0.9	1.5	(0)	(0)	(0)

【蛋、乳製品】

蛋類及乳製品可作為優質的蛋白質來源。特別是蛋類的生物價將近一百，營養價值高且對於消化也很好。乳酪或優格有些會添加鹽分或者糖分等調味，應特別注意種類的選擇及餵食的方式。

| 體質 | | | 血虛 | | | 陰虛 | | | |

| 五味 | 甘 | 五性 | 平 |

歸經　肺、脾、胃、心、肝、腎

中醫學之功效　　滋陰、潤燥、補血、安胎

可對應的症狀 ▶　　口乾、乾咳、貧血、精神不安

雞蛋

● 營養特性

蛋黃中含有豐富的蛋白質，以及維生素A、D、鐵。除了維生素C之外，其他的維生素全部都包含在其中。蛋白的主成分為蛋白質，其他還含有維生素B_2。

奈良老師的建議
蛋是生物價100的完整營養食品，消化性也很優秀。蛋白中幾乎不含任何脂質因此熱量較低，而蛋黃雖脂質較多熱量也高，但含有乳化作用的卵磷酯，對於消化性來說非常優秀。

梅原老師的建議
在中醫學中被認為有鎮靜效果以及滋補身體的作用。蛋黃滋陰效果較高，對於心臟病也有不錯的效果。蛋白的滋潤效果佳，可緩解喉嚨痛或咳嗽症狀。

全蛋 / 生

熱量	水分	蛋白質	脂質	碳水化合物	食物纖維（水溶性）	食物纖維（非水溶性）	食物纖維總量
151	76.1	12.3	10.3	0.3	(0)	(0)	(0)

體質			氣虛	血虛	血瘀	氣滯	陰虛	陽虛	痰濕	濕熱

五味	甘	五性	平

歸經	脾、胃、腎

中醫學之功效　補五臟、補氣、健脾、強筋骨、健腦

可對應的症狀 ▶　營養不良、疲勞、消化不良、慢性胃炎、食慾不振、健忘

鵪鶉蛋

蛋、乳製品

◉ **營養特性**

蛋白質、脂質、維生素B₁、B₂、E、鐵以及磷比雞蛋多。

奈良老師的建議
在熱量及營養組成方面，一個鵪鶉蛋與 1/5 個雞蛋差不多。

梅原老師的建議
在中醫學理論中有養五臟、補氣血的功能。也是強筋骨、提升腦部活化的優良食材。對於筋骨成長的幼齡期、認知症或是體況不良、腰腿功能等較為擔心的高齡期、氣血或疾病復原期常有的營養不足，都是非常適合的食材。

全蛋 / 生

熱量	水分	蛋白質	脂質	碳水化合物	食物纖維（水溶性）	食物纖維（非水溶性）	食物纖維總量
179	72.9	12.6	13.1	0.3	(0)	(0)	(0)

體質	氣虛	血虛	血瘀	氣鬱	陰虛	痰濕	濕熱	特稟

五味	甘	五性	溫

歸經 肝、腎、脾

中醫學之功效 滋養、養肝、健脾、補腎、補血

可對應的症狀 ▶ 疲勞、虛弱、貧血、產後恢復、慢性腸胃炎

烏骨雞蛋

◉ **營養特性**
脂質、維生素A、B_1、鐵及磷比雞蛋稍多。

梅原老師的建議
中醫學上的觀點認為，比雞蛋有更強的滋補作用，對於疲勞或是虛弱體質、婦人疾病最為適合。特別是使用在產後的營養補給。含有適量的不飽和脂肪酸，對於動脈硬化或是血中膽固醇低下可發揮其效果。高血壓或血栓的預防、肝疾病的預防也有效果。

全蛋 / 生

熱量	水分	蛋白質	脂質	碳水化合物	食物纖維（水溶性）	食物纖維（非水溶性）	食物纖維總量
176	73.7	12	13	0.4	(0)	(0)	(0)

體質			血虛						

五味	甘、酸	五性	平

歸經	肺、肝、脾

中醫學之功效　補肺、潤腸、補陰、止渴

可對應的症狀 ▶ 肺陰虛引起之口乾、乾咳、皮膚搔癢、便祕

乳酪
（起士）

● **營養特性**
主成分為蛋白質與脂質，但會依種類而有含量上的差異。維生素A、B群、鈣、磷含量豐富。

奈良老師的建議
天然乳酪因含有活的乳酸菌以及酵素，不加熱直接使用時的消化率非常良好。對於狗狗來說適口性很高，但是不同的種類在脂質與鈉的含量上也有差異，在餵食之前請確認營養組成。人工起士是將天然乳酪溶解之後再重新成型，因此乳酸菌及酵素都已經死滅。

蛋、乳製品

天然乳酪 / 茅屋

熱量	水分	蛋白質	脂質	碳水化合物	食物纖維（水溶性）	食物纖維（非水溶性）	食物纖維總量
105	79	13.3	4.5	1.9	(0)	(0)	(0)

體質			血虛							

五味	甘、酸	五性	平

歸經	肺、肝、脾

中醫學之功效　補陰、止渴、生津、開胃、潤腸、通便

可對應的症狀 ▶　發燒、陰虛引起之微熱感、失眠、口乾、便祕、皮膚乾燥、發疹、皮膚乾燥引起之搔癢

優格

● 營養特性
繼承牛奶的成分，因此含有豐富的優質蛋白質、脂質、碳水化合物、維生素B_1、B_2、吸收率較高的鈣。

奈良老師的建議：由乳酸菌發酵而成，因此蛋白質與脂質容易被消化吸收。而乳糖也會被乳酸菌所分解，不需要太擔心乳糖不耐症的問題。

全脂無糖

熱量	水分	蛋白質	脂質	碳水化合物	食物纖維（水溶性）	食物纖維（非水溶性）	食物纖維總量
62	87.7	3.6	3	4.9	(0)	(0)	(0)

【穀類、薯類】

為碳水化合物的主要來源，同時也能發揮中醫學上的預期效果。醣類、食物纖維雖然也是重要的營養來源，應注意不得攝取過量。在使用時請留意給予的量以及方式。

體質	氣虛					陽虛		

五味	甘	五性	平
歸經	脾、胃	季節	秋

中醫學之功效　補中、補氣、健脾、和胃

可對應的症狀 ▶　消化不良、食慾不振、疲勞、煩熱、焦躁、口乾、嘔吐、下痢

粳米【白米】

● **營養特性**

米的主成分是碳水化合物，直鏈澱粉佔15～35％，支鏈澱粉佔65～85％。粳米的精製白米中，維生素B_1及食物纖維較少。

奈良老師的建議

直鏈澱粉較多吃起來會有粒粒分明的口感。米的精製度越高越容易消化吸收，也就是說精製白米在消化吸收方面非常優秀。放涼之後有時會變得較硬，類似像食物纖維的作用。

水稻米 / 精製白米 / 粳米

熱量	水分	蛋白質	脂質	碳水化合物	食物纖維（水溶性）	食物纖維（非水溶性）	食物纖維總量
168	60	2.5	0.3	37.1	(0)	0.3	0.3

| 體質 | 氣虛 | 加膚 | 血瘀 | 氣鬱 | 陰虛 | 陽虛 | 痰濕 | 濕熱 |

五味	甘	五性	平
歸經	脾、胃、肝、腎	季節	秋

中醫學之功效　補氣、健脾、利水、安神、補肝腎、化痰

可對應的症狀 ▶　便祕、多發性神經病變（腳氣）

穀皮的部份含有較多螯合作用高的植酸。因此，對於礦物質極少的飲食方式來說，植酸將會阻礙礦物質的吸收，應多加注意。

玄米

● 營養特性
把穀殼去除之後，保留著穀皮及胚芽的米。富含碳水化合物、脂質、維生素B₁、鎂、磷、食物纖維。

奈良老師的建議　雖然營養價值高，但鎂及磷的含量較多。若目前是以飼料為主食，而且尿pH容易偏鹼性／曾有磷酸銨鎂結石病例／目前是磷酸銨鎂結石確診的狀況，應特別注意。

穀類、薯類

水稻米 / 玄米

熱量	水分	蛋白質	脂質	碳水化合物	食物纖維（水溶性）	食物纖維（非水溶性）	食物纖維總量
165	60	2.8	1	35.6	0.2	1.2	1.4

| 體質 | 氣虛 | | | | 陽虛 | | 季節 | 秋 |

| 五味 | 甘 | 五性 | 溫 | 歸經 | 脾、胃、肺 |

中醫學之功效　　補中、補氣、健脾、止瀉、固表、止汗
可對應的症狀 ▶　疲勞、食慾不振、體寒引起之消化不良、下痢、口乾

糯米

奈良老師的建議：柔軟有彈性，放涼之後也不太會變硬，雖然消化性佳，但相對的血糖值就容易上升。

● **營養特性**
幾乎不含直鍊澱粉的米。蛋白質、脂質、銅、維生素 B_1、B_6 較粳米多。另外也含有粳米所沒有的鉻。食物纖維量與粳米相同。（精製白米）

水稻米 / 精製白米 / 糯米

熱量	水分	蛋白質	脂質	碳水化合物	食物纖維（水溶性）	食物纖維（非水溶性）	食物纖維總量
202	52.1	3.5	0.5	43.9	(0)	(0.4)	(0.4)

| 體質 | | | | | 痰濕 | | 季節 | 初夏 |

| 五味 | 甘、鹹 | 五性 | 涼 | 歸經 | 脾、胃、膀胱 |

中醫學之功效　　利水、通淋、健脾、和胃
可對應的症狀 ▶　消化不良、吃太多、腹部膨脹感、排尿困難、排尿痛、便祕

大麥

奈良老師的建議：對於減重有幫助，但因為水溶性食物纖維含量非常高，如果使用分量過多時，對於大型犬種來說有可能會有軟便、下痢的狀況，請先從少量開始使用。

● **營養特性**
富含蛋白質、維生素 B_1、食物纖維。特別是含有較多的水溶性食物纖維。

70%精製押麥

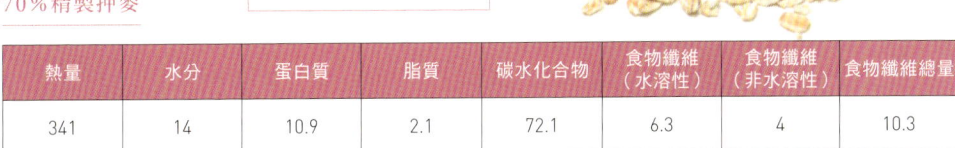

熱量	水分	蛋白質	脂質	碳水化合物	食物纖維（水溶性）	食物纖維（非水溶性）	食物纖維總量
341	14	10.9	2.1	72.1	6.3	4	10.3

體質	氣虛	血虛	血瘀	陰虛	痰濕	氣鬱	接觸	濕熱

五味	甘	五性	涼
歸經	心、脾、腎	季節	夏

中醫學之功效 養心、安神、清熱、止瀉、補腎

可對應的症狀 ▶ 心悸、失眠、安定精神、發燒引起之胸悶、頻尿、腹部膨脹感、慢性下痢

小麥

● 營養特性
主成分為蛋白質與碳水化合物。表皮除了食物纖維之外也含有較多的維生素E。

奈良老師的建議
小麥經過精製成為小麥粉（麵粉）。以蛋白質含量排序可分為高筋、中筋、低筋麵粉。如果像是玄米般只去殼後所研磨而成的則稱之為全麥粉，營養價值比小麥粉（麵粉）高出許多，鎂與磷的含量也很高。

梅原老師的建議
小麥在中醫學裡的性質有祛熱、安定精神、增加食慾的功效。因為有可以消解不安感的效果，適合使用在不安緊張的動物的飲食中。另外，精製度較低的全麥粉，可以從胚芽及麥麩中攝取到含量較多的營養素，是非常推薦的食材。精製過的小麥粉（麵粉）在祛熱上的效果較差。

穀類、薯類

低筋麵粉（1等粉）

熱量	水分	蛋白質	脂質	碳水化合物	食物纖維（水溶性）	食物纖維（非水溶性）	食物纖維總量
367	14	8.3	1.5	75.8	1.2	1.3	2.5

體質	氣虛						痰濕	濕熱

五味	甘、淡	五性	涼
歸經	脾、肺、腎	季節	秋

中醫學之功效 利水、利濕、健脾、止瀉、清熱

可對應的症狀 ▶ 排尿不順、咳嗽、神經痛、浮腫、食慾不振、下痢、便祕

薏苡仁
（薏仁）

● 營養特性

與其他的穀類相比，蛋白質較多且低脂質。食物纖維量以及其他的營養素與精製過的粳米幾乎相同。維生素B₆、必需胺基酸中的亮胺酸含量較多。（白薏仁）

梅原老師的建議

薏仁茶可使用紅薏仁，其他則可使用精製過的白薏仁。薏仁含有不飽和脂肪酸的薏苡仁酯，被認為能夠促進新陳代謝，尤其是皮膚的角質代謝部份，因此對於黑斑、膿皰、疣也有效果。在中醫學裡也有相同觀點，因為可以將熱或是膿、體內多餘的水分排出，對於疣或是硬塊的消除、浮腫、神經痛也可以使用。

白薏仁

熱量	水分	蛋白質	脂質	碳水化合物	食物纖維（水溶性）	食物纖維（非水溶性）	食物纖維總量
360	13	13.3	1.3	72.2	0	0.6	0.6

體質								濕熱

五味	甘、辛	五性	涼
歸經	脾、胃	季節	夏、秋（收割根部）、冬（葛粉）

中醫學之功效　清熱、生津、解肌、升陽、止瀉、透疹

可對應的症狀 ▶ 發燒、因發燒引起之口渴、肩頸痠痛、下痢

葛

穀類、薯類

● 營養特性

主成分為醣類（澱粉）。也含有其他如鉀等礦物質，但都只有微量。

梅原老師的建議：葛粉在製作上非常費工，因此是高價的食材。在中醫學中被認為可以清熱以及改善體內循環的功能，特別是在血的循環上，還有解熱鎮痛的效果。不論是夏天或是冬天都可以使用的食材，在作為製作中藥的原料上也很有名。

葛澱粉

熱量	水分	蛋白質	脂質	碳水化合物	食物纖維（水溶性）	食物纖維（非水溶性）	食物纖維總量
347	13.9	0.2	0.2	85.6	0	0	0

| 體質 | 氣虛 | | | | 陽虛 | | 濕熱 | 季節 | 夏 |

| 五味 | 甘、苦 | 五性 | 微寒 | 歸經 | 脾、胃 |

中醫學之功效　補氣、健脾、涼血、止血

可對應的症狀 ▶　下痢、脾胃虛弱

日本小米

● 營養特性

蛋白質、維生素B_1、B_6含量較多。比精製米（調理前）的食物纖維約高8倍，脂質則有3倍之多。

精製米

熱量	水分	蛋白質	脂質	碳水化合物	食物纖維（水溶性）	食物纖維（非水溶性）	食物纖維總量
366	12.9	9.4	3.3	73.2	0.4	3.9	4.3

| 體質 | 氣虛 | | | | | | | 季節 | 秋 |

| 五味 | 甘 | 五性 | 平 | 歸經 | 脾、肺 |

中醫學之功效　健脾、補肺、清熱、療瘡

可對應的症狀 ▶　腸胃虛弱、咳嗽、口乾、打嗝

小米

● 營養特性

食物纖維、脂肪為精製米（調理前）的3倍之多。

精製米

熱量	水分	蛋白質	脂質	碳水化合物	食物纖維（水溶性）	食物纖維（非水溶性）	食物纖維總量
363	13.8	11.3	3.3	70.9	Tr	1.6	1.6

體質	氣虛							濕熱
五味	甘、鹹			五性				涼
歸經	脾、胃、腎			季節				秋

中醫學之功效 健脾、和胃、清熱

可對應的症狀 ▶ 脾胃虛弱、嘔吐、消化不良、食慾不振、排尿不順、排尿痛、口乾、便祕

粟米

● 營養特性

蛋白質、維生素 B_1、B_6 含量較多。比精製米（調理前）的食物纖維約高 6 倍，脂質有 4 倍，鎂、磷約有 3 倍之多。

奈良老師的建議：如果有磷酸銨鎂的結晶或尿結石，或者容易形成結石體質、過去曾有或現在正患有結石病例的狗狗，在使用量上應特別注意。

穀類、薯類

精製米

熱量	水分	蛋白質	脂質	碳水化合物	食物纖維（水溶性）	食物纖維（非水溶性）	食物纖維總量
367	13.3	11.2	4.4	69.7	0.4	2.9	3.3

體質	氣虛						濕熱

五味	甘	五性	涼
歸經	脾、胃、大腸	季節	夏、秋

中醫學之功效 降氣、消積、止帶、開胃

可對應的症狀 ▶ 消化不良引起之下痢、胃積食、消化不良、白帶、高血壓

蕎麥

● 營養特性

「蕎麥粉」的蛋白質、維生素 B_1、B_2、B_9 較多。「蕎麥」的蛋白質比蕎麥粉少、低脂質。維生素B群也比精製白米多，但比蕎麥粉少。

奈良老師的建議

含有高濃度的抗氧化成分蘆丁、槲皮素。對於有穀類食物過敏的狀況，可作為碳水化合物來源使用。但有些狗狗對於蕎麥會有過敏反應，使用前請先確認。

蕎麥粉 / 全層粉

熱量	水分	蛋白質	脂質	碳水化合物	食物纖維（水溶性）	食物纖維（非水溶性）	食物纖維總量
361	13.5	12	3.1	69.6	0.8	3.5	4.3

體質		氣虛	血虛	血瘀	氣鬱	痰濕	陽虛	陰虛	濕熱

五味	甘	五性	平
歸經	脾、胃、腎	季節	秋

中醫學之功效 健脾、補氣、和胃、通便

可對應的症狀 ▶ 脾虛引起之浮腫、便祕、食慾不振

蕃薯

● 營養特性
主成分為碳水化合物。鉀、非水溶性食物纖維較多。含有β-胡蘿蔔素、維生素B₁、B₂、C、E。果肉顏色越深β-胡蘿蔔素含量越高。

奈良老師的建議：蕃薯含有較多草酸。如果有草酸鈣結晶或結石、以及容易形成的體質，建議不要給予食用。另一方面，草酸為水溶性質，橫切成塊狀水煮之後可減少其含有量。

穀類、薯類

塊根、含皮、生

熱量	水分	蛋白質	脂質	碳水化合物	食物纖維（水溶性）	食物纖維（非水溶性）	食物纖維總量
140	64.6	0.9	0.5	33.1	0.9	1.8	2.8

體質	氣虛				陽虛	痰濕	

五味	甘	五性	平
歸經	胃、大腸	季節	初夏

中醫學之功效　和胃、調中、補氣、健脾

可對應的症狀 ▶　胃弱、嘔吐、疲勞、便祕、胃及十二指腸潰瘍之腹痛、高血壓

馬鈴薯

● 營養特性
主成分為與蕃薯相同的碳水化合物。雖含有維生素B_1、維生素C、鉀、食物纖維，但都比蕃薯較少，而且低熱量。

奈良老師的建議　馬鈴薯的芽中含有有毒物質（龍葵鹼），因此必須要切除。切成小塊水煮之後，可去除17%的鉀含量。

塊莖、生

熱量	水分	蛋白質	脂質	碳水化合物	食物纖維（水溶性）	食物纖維（非水溶性）	食物纖維總量
76	79.8	1.6	0.1	17.6	0.6	0.7	1.3

體質	氣虛 血虛 血瘀 鬱悶 陰虛 陽虛 痰濕 濕熱
五味	甘
五性	平
歸經	肺、脾、腎
季節	秋、冬
中醫學之功效	健脾、補氣、滋陰、潤肺、和胃、調中、益精、固腎
可對應的症狀 ▶	疲勞、咳嗽、食慾不振、下痢、頻尿、口乾

山藥

● 營養特性
主成分為碳水化合物。維生素 B_1、鉀含量較多。食物纖維與馬鈴薯差不多。因含有醣類消化酵素的澱粉酶，可以直接生食。

梅原老師的建議
有滋補強健、促進消化、滋潤身體、調整腸胃狀態功能、提升元氣的效果。特別是被認為有強精的作用。另外，對於腫塊、咳嗽、漏尿、糖尿病、精神衰弱也有其功效。在日本大多以生食方式使用，在中國地方以乾燥的狀態作為中藥的原料，再加以調理使用。

穀類、薯類

日本山藥 / 塊根、生

熱量	水分	蛋白質	脂質	碳水化合物	食物纖維（水溶性）	食物纖維（非水溶性）	食物纖維總量
65	82.5	2.2	0.3	13.9	0.2	0.8	1

體質	氣虛				陽虛	痰濕	濕熱

五味	甘、辛	五性	平
歸經	脾、胃、大腸	季節	秋、冬

中醫學之功效：解毒、消腫、和胃、調中、化痰

可對應的症狀 ▶ 便祕、下痢、疲勞

里芋
（小芋頭）

● 營養特性
主成分為碳水化合物，但熱量比馬鈴薯低。食物纖維含量與蕃薯相近。雖維生素C含量不多，但鉀的含量在芋頭類中最高。

奈良老師的建議
小芋頭的黏滑成分中含有促進消化等的藥效。但也含有非水溶性的草酸鹽（草酸鈣），如果屬於容易形成草酸鈣結晶或尿結石的體質，建議不要給予食用。

球莖、生

熱量	水分	蛋白質	脂質	碳水化合物	食物纖維（水溶性）	食物纖維（非水溶性）	食物纖維總量
58	84.1	1.5	0.1	13.1	0.8	1.5	2.3

【豆類、大豆加工品】

豆類含有豐富的植物性蛋白質，但由於不容易消化，應先煮軟後切碎或壓碎等處理，並注意給予量的多寡。

體質	氣虛	血虛	血瘀	氣鬱	陰虛	陽虛	痰濕	濕熱

五味	甘	五性	平
歸經	脾、大腸、胃	季節	秋、冬

中醫學之功效 健脾、寬中、補氣

可對應的症狀 ▶ 消化不良、疲勞、便祕、下痢、腹部膨脹感、脾虛引起之消化不良、浮腫

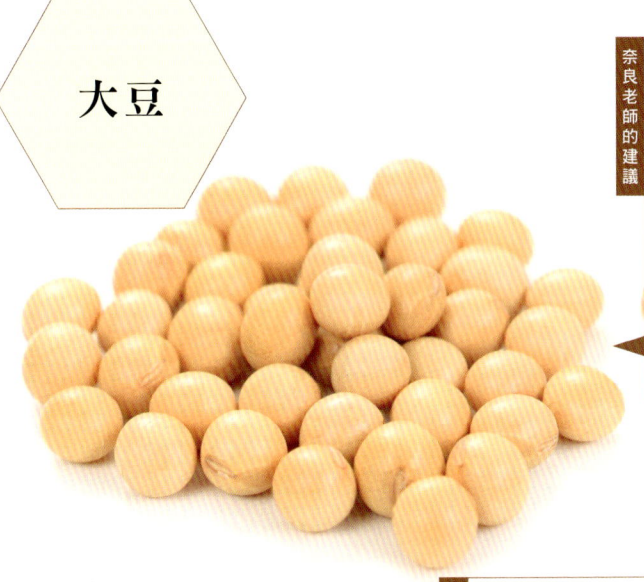

大豆

奈良老師的建議
蛋白質的生物價比起肉類、魚類、蛋類及乳製品差，但是被認為在體內的再利用率高。再者，豆類因含有較多的磷、鎂以及食物纖維，容易在腸子內產生氣體，如果要給狗狗食用，特別是與飼料並用的狀況下應注意使用量及使用方法。

● 營養特性
富含蛋白質、脂質、碳水化合物、鉀、鈣、鐵、維生素B_1、B_2、食物纖維。脂質中有較多的亞油酸，另外也含有可增加腸內好菌的寡醣等。

梅原老師的建議
大豆、黑豆、毛豆這三種都是相同品種，但在中醫學的性質上卻各有其不同的功能，大豆會作用於腸胃上以提升消化機能、消除疲勞。黑豆則作用於肝、腎，可以補血、提升肝機能。大豆、黑豆都有能夠補充滋潤、消解浮腫的功能。

國產 / 黃豆 / 水煮

熱量	水分	蛋白質	脂質	碳水化合物	食物纖維（水溶性）	食物纖維（非水溶性）	食物纖維總量
176	65.4	14.8	9.8	8.4	0.9	5.8	6.6

體質	氣虛	血虛	**血瘀**	氣鬱	陰虛	陽虛	**痰濕**	**濕熱**

五味	甘、酸	五性	平
歸經	心、小腸	季節	秋

中醫學之功效　利水、滲濕、清熱、解毒

可對應的症狀 ▶　胸水、腹水、浮腫、排尿不順、濕疹搔癢、母乳不足

紅豆

◉ **營養特性**

富含碳水化合物、蛋白質、維生素 B_1、B_2、鐵、鉀、食物纖維。蛋白質及維生素 B_1、B_2 雖比大豆少，食物纖維含量幾乎相同。

奈良老師的建議

由於含有較多以維生素 B_1 為主的 B 群以及均衡的胺基酸，有良好的消除疲勞、滋補強健效果。中國自古以來，認為紅豆湯有利尿、清熱、解毒的功效，能夠改善浮腫，或是治療伴隨搔癢的腫塊或是發疹症狀的功能，是非常優秀的食材。

豆類、大豆加工品

整粒、水煮

熱量	水分	蛋白質	脂質	碳水化合物	食物纖維（水溶性）	食物纖維（非水溶性）	食物纖維總量
143	64.8	8.9	1	24.2	0.8	11	11.8

體質	氣虛	血虛	血瘀	氣鬱	陰虛	陽虛	痰濕	濕熱

五味	甘	五性	平

歸經	肺、胃

中醫學之功效：生津、潤燥、清熱、解毒、通乳

可對應的症狀 ▶ 發燒引起之口乾、下痢、母乳不足、津液不足引起之症狀

豆腐

● **營養特性**

主成分為蛋白質與脂質。脂質中富含必需脂肪酸的亞油酸。好消化，大豆寡醣也能夠調整腸道的環境。

奈良老師的建議

豆腐雖有著健康食品的印象，但100g 中的脂質與雞里肌的 0.5g 相比，木棉豆腐有 8 倍約 4.2g 之多。另一方面，因含有乳化效果的卵磷脂，對於消化來說是非常優質的食品。

嫩豆腐

熱量	水分	蛋白質	脂質	碳水化合物	食物纖維（水溶性）	食物纖維（非水溶性）	食物纖維總量
56	89.4	4.9	3	2	0.1	0.2	0.3

| 體質 | 氣虛 | 血虛 | **血瘀** | **氣鬱** | 陰虛 | 陽虛 | 痰濕 | 濕熱 |

| 五味 | 甘 | 五性 | 溫 | 歸經 | 脾、肺 |

中醫學之功效　活血、解毒、解鬱

可對應的症狀 ▶　煩躁、整腸、食慾不振

奈良老師的建議：為能更活用納豆的營養成分，建議充分壓碎之後再給予食用。其中也含有比例較高的水溶性纖維，如果腸胃的機能不太好，可能會造成食物逆流，應避免給予。

● 營養特性

富含維生素B₂、維生素K、食物纖維。經由大豆的發酵過程使維生素B₂增加五倍。納豆菌能提升消化、吸收率，並且含有血栓溶解酵素的納豆激酶。

納豆

拉絲納豆

熱量	水分	蛋白質	脂質	碳水化合物	食物纖維（水溶性）	食物纖維（非水溶性）	食物纖維總量
200	59.5	16.5	10	12.1	2.3	4.4	6.7

| 體質 | **氣虛** | 血虛 | 血瘀 | 氣鬱 | 陰虛 | 陽虛 | **痰濕** | 濕熱 |

| 五味 | 甘 | 五性 | 平 | 歸經 | 肺、胃、肝 |

中醫學之功效　補虛損、化痰、通淋、鎮咳、通乳、生津

可對應的症狀 ▶　虛弱體質、體力下降、咳嗽、支氣管炎、口乾、貧血、母乳不足、津液不足引起之症狀、低血壓

● 營養特性

為製造豆腐的過程中，去除豆渣後所剩餘下來的乳狀汁液。主成分為蛋白質、脂質。容易消化、吸收。

豆乳

豆乳

熱量	水分	蛋白質	脂質	碳水化合物	食物纖維（水溶性）	食物纖維（非水溶性）	食物纖維總量
46	90.8	3.6	2	3.1	0.2	0	0.2

豆類、大豆加工品

體質	氣虛	血虛	血瘀	氣鬱	陰虛	陽虛	痰濕	濕熱	季節	秋

五味	甘	五性	平	歸經	脾、胃

中醫學之功效　健脾、和胃、利濕、解暑

可對應的症狀 ▶　浮腫、排尿困難、食慾不振、下痢、白帶、夏日倦怠症

四季豆

● 營養特性

主成分為碳水化合物與蛋白質。外皮含有較多食物纖維，維生素B群、鈣、鉀、鐵的含量也很豐富。

整粒、水煮

熱量	水分	蛋白質	脂質	碳水化合物	食物纖維（水溶性）	食物纖維（非水溶性）	食物纖維總量
143	64.3	8.5	1	24.8	1.5	11.8	13.3

體質	氣虛	血虛	血瘀	氣鬱	陰虛	陽虛	痰濕	濕熱	季節	春～夏

五味	甘	五性	平	歸經	脾、胃、大腸

中醫學之功效　補中、補氣、利水

可對應的症狀 ▶　疲勞、消化不良、食慾不振、尿量少、母乳不足

豌豆

【甜豆、綠豌豆、豌豆】

● 營養特性

主成分為碳水化合物與蛋白質。維生素B_1、B_2、菸鹼酸較多。含有其它豆類幾乎沒有的β-胡蘿蔔素。食物纖維量與紅豆差不多。

整粒 / 青豌豆 / 水煮

熱量	水分	蛋白質	脂質	碳水化合物	食物纖維（水溶性）	食物纖維（非水溶性）	食物纖維總量
148	63.8	9.2	1	25.2	0.5	7.2	7.7

體質	氣虛	血虛	血瘀	氣鬱	陰虛	陽虛	痰濕	濕熱	季節	夏

五味	甘	五性	平	歸經	脾、胃、大腸

中醫學之功效　　健脾、補氣、補血、利濕、補腎

可對應的症狀 ▶　脾胃虛弱、疲勞、便祕

◉ 營養特性

大豆的未熟果實。含有優質蛋白質，以及大豆所沒有的維生素C。維生素B$_1$、B$_2$ 也含量豐富。

毛豆

毛豆 / 水煮

熱量	水分	蛋白質	脂質	碳水化合物	食物纖維（水溶性）	食物纖維（非水溶性）	食物纖維總量
134	72.1	11.5	6.1	8.9	0.5	4.1	4.6

體質	氣虛	血虛	血瘀	氣鬱	陰虛	陽虛	痰濕	濕熱	季節	春、夏

五味	甘	五性	平	歸經	脾、胃

中醫學之功效　　補中、補氣、健脾、利濕

可對應的症狀 ▶　食慾不振、疲勞、浮腫、腹水、排尿不順

◉ 營養特性

主成分為碳水化合物與蛋白質。維生素B群、鉀、鐵的含量豐富。

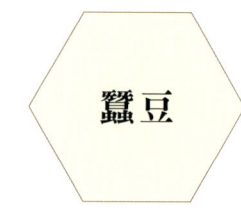

蠶豆

未成熟豆 / 水煮

熱量	水分	蛋白質	脂質	碳水化合物	食物纖維（水溶性）	食物纖維（非水溶性）	食物纖維總量
112	71.3	10.5	0.2	16.9	0.4	3.6	4

豆類、大豆加工品

體質	氣虛	血虛	血瘀	氣鬱	陰虛	陽虛	●痰濕	濕熱

五味	甘	五性	平	歸經	脾、胃

中醫學之功效　健脾、化濕、消暑、和中

可對應的症狀 ▶　脾胃虛弱引起之浮腫、悶熱引起之吐瀉

扁豆

● 營養特性
主成分為碳水化合物與蛋白質。維生素B_1、B_2、B_6較多，含有豆類中幾乎沒有的β-胡蘿蔔素。含有較多豆類中特有的凝集素能夠幫助免疫活化。

整粒、水煮

熱量	水分	蛋白質	脂質	碳水化合物	食物纖維（水溶性）	食物纖維（非水溶性）	食物纖維總量
170	57.9	11.2	0.8	29.1	0.9	8.5	9.4

體質	氣虛	●血虛	血瘀	氣鬱	陰虛	陽虛	痰濕	濕熱	季節	9～10月

五味	甘	五性	平	歸經	脾、大腸

中醫學之功效　通便、健脾、養血

可對應的症狀 ▶　便祕、貧血、精神不安

鷹嘴豆

● 營養特性
主成分為碳水化合物與蛋白質。含有與大豆類似的營養素，脂質雖然多但不及大豆。富含鈣、鉀、維生素B群。食物纖維也與紅豆差不多。

整粒、水煮

熱量	水分	蛋白質	脂質	碳水化合物	食物纖維（水溶性）	食物纖維（非水溶性）	食物纖維總量
171	59.6	9.5	2.5	27.4	0.5	11.1	11.6

【蔬菜類、菇類】

蔬菜、菇類含有豐富的維生素、礦物質,且熱量低,應該可以期待其在中醫學理上所能發揮的功效,但食物纖維含量高也代表食材不容易被消化。可以利用煮軟,或是研磨成泥狀等,調理成容易消化的狀態,應注意不得過量給予。當季蔬菜的營養價值也較高,建議多加活用。

體質	氣虛	血虛					痰濕	濕熱

五味	甘	五性	平
歸經	肝、胃、腎	季節	冬（春、夏）

中醫學之功效 健胃、補五臟、化濕、補腎、清熱、散結

可對應的症狀 ▶ 胃痛、胃積食、腸胃虛弱、食慾不振、消化器官潰瘍、腹部膨脹感、虛弱體質、疲勞

高麗菜

● **營養特性**
含有豐富的鈣、鉀、維生素C。能夠幫助血液凝固的維生素K也較多。另外也含有經常使用在胃腸藥中的維生素U（氯化甲硫胺基酸）。

奈良老師的建議
一整年都能很容易取得的蔬菜。水溶性食物纖維與非水溶性食物纖維的比例很適合狗狗的飲食。但大量生食的狀況下，有可能會因此而造成食物逆流或軟便、下痢。為了在平常的飲食中減少對腸胃的刺激以及抑制其發酵性，建議在給予食用前應稍加汆燙過後再切細。

結球葉、生

熱量	水分	蛋白質	脂質	碳水化合物	食物纖維（水溶性）	食物纖維（非水溶性）	食物纖維總量
23	92.7	1.3	0.2	5.2	0.4	1.4	1.8

體質		血虛					痰濕	濕熱

五味	甘	五性	平（涼）
歸經	胃、大腸、膀胱	季節	冬

中醫學之功效　清熱、除煩、健脾、利水、通便

可對應的症狀 ▶　發燒、口乾、煩躁、喉嚨痛、乾咳、便祕、排尿不順

蔬菜類、菇類

白菜

● **營養特性**
約有95％的含水量。比較上來說維生素C含有量較高。鈣與鉀的含量與高麗菜差不多，但食物纖維約只有七成左右。

奈良老師的建議
水溶性與非水溶性食物纖維的比例跟高麗菜相似，但由於含水量較高，因此如果要攝取到與高麗菜相同的纖維量，食物的分量以及含水量就會增加。不要太極端地過度給予的話，作為減重中的零食或是添加在食物之中，都能夠幫助緩和空腹感。

結球葉、生

熱量	水分	蛋白質	脂質	碳水化合物	食物纖維（水溶性）	食物纖維（非水溶性）	食物纖維總量
14	95.2	0.8	0.1	3.2	0.3	1	1.3

體質			血瘀	氣鬱			濕熱
五味		甘		五性			平（涼）
歸經		脾、胃		季節			冬

中醫學之功效　清熱、除煩、健脾、通便

可對應的症狀 ▶　煩熱、煩躁、消化不良、便祕、高血壓

小松菜

● 營養特性

富含 β-胡蘿蔔素、維生素C、鈣、鐵，食物纖維也較多。鈣質在蔬菜中含量最高，為菠菜的5倍。

奈良老師的建議

擁有類似強化了高麗菜的鐵與 β-胡蘿蔔素般的性質，而且苦澀味較少，是可以直接生食的蔬菜之一。但因為有較強的蔬菜味，對於狗狗的適口性來說稍差些。色素含量較高的關係，糞便有可能會有青綠色的狀況，並不會影響健康。

菜、生

熱量	水分	蛋白質	脂質	碳水化合物	食物纖維（水溶性）	食物纖維（非水溶性）	食物纖維總量
14	94.1	1.5	0.2	2.4	0.4	1.5	1.9

體質				血虛	血瘀	氣鬱	陰虛		

五味	甘	五性	涼
歸經	肝、胃、大腸、小腸	季節	冬

中醫學之功效：補血、滋陰、清熱、除煩、通便

可對應的症狀 ▶ 貧血、各種出血、乾眼症、眼睛疲勞、煩躁、便祕（高齡‧體力下降）

菠菜

● 營養特性
含有較多的 β-胡蘿蔔素、維生素 C、鐵、鈣。

奈良老師的建議：為草酸含量較多的蔬菜。水煮三分鐘能夠降低約 1/2 的草酸，但如果有草酸鈣結晶問題的話，建議不要食用。

菜、整年平均、生

熱量	水分	蛋白質	脂質	碳水化合物	食物纖維（水溶性）	食物纖維（非水溶性）	食物纖維總量
20	92.4	2.2	0.4	3.1	0.7	2.1	2.8

蔬菜類、菇類

體質	氣虛					濕熱
五味	甘		五性			平
歸經	肝、脾、腎		季節			冬

中醫學之功效　補腎、滋補、健脾、補五臟

可對應的症狀 ▶　胃弱、食慾不振、腎功能減退

綠花椰菜

● 營養特性

維生素C、β-胡蘿蔔素、維生素B群、鈣、鉀、食物纖維含量豐富。為蛋白質含量較多的蔬菜。

奈良老師的建議

含有稱之為蘿蔔硫素（萊菔硫烷）的植物性化學成分，可提升身體的抗氧化以及解毒能力。含有比例較高的非水溶性食物纖維，食用過多會引起軟便、下痢。

花序、生

熱量	水分	蛋白質	脂質	碳水化合物	食物纖維（水溶性）	食物纖維（非水溶性）	食物纖維總量
33	89	4.3	0.5	5.2	0.7	3.7	4.4

| 體質 | | | | | | | | 痰濕 | |

五味	酸、甘	五性	微寒
歸經	肝、脾、胃	季節	夏

中醫學之功效　　生津、止渴、涼血、平肝、健胃、消食、解暑

可對應的症狀 ▶　因發燒引起之口乾、食慾不振、夏日倦怠症、高血壓

蔬菜類、菇類

蕃茄

◉ 營養特性
β-胡蘿蔔素、維生素C含量較多。迷你小蕃茄的熱量及營養價值高，而且食物纖維也較多。

奈良老師的建議

蕃茄中含有稱之為蕃茄紅素的紅色色素，有抗氧化作用。耐熱性高，因此於寒冷的季節可以加熱調理，夏天也可以作為補充水分的零食。葉、莖、果蒂對於狗狗來說具有毒性。

果實、生

熱量	水分	蛋白質	脂質	碳水化合物	食物纖維（水溶性）	食物纖維（非水溶性）	食物纖維總量
19	94	0.7	0.1	4.7	0.3	0.7	1

體質							痰濕	濕熱

五味	甘	五性	寒
歸經	脾、胃、大腸	季節	夏

中醫學之功效　清熱、止渴、利水、解毒、生津

可對應的症狀 ▶　發燒引起之口乾與喉嚨痛、夏日倦怠症、排尿不順、浮腫

小黃瓜

● **營養特性**
含水量95％以上。雖然沒有特別令人注目的營養素，但鉀、銅的含量較多。另外也含有破壞維生素C的抗壞血酸。

奈良老師的建議
與蕃茄同為低熱量且含水量高，是非常適合夏天的零食。銅在相較上來說多些，因此對於西高地或貝林登獵犬等需要限制銅攝取的犬種應特別注意。由於狗狗體內能自行合成維生素C，若只是當成零食給予的程度並不需要太擔心抗壞血酸的問題。

果實、生

熱量	水分	蛋白質	脂質	碳水化合物	食物纖維（水溶性）	食物纖維（非水溶性）	食物纖維總量
14	95.4	1	0.1	3	0.2	0.9	1.1

體質		氣虛					陽虛	痰濕	

五味	甘	五性	溫
歸經	脾、胃	季節	夏

中醫學之功效 補中、補氣

可對應的症狀 ▶ 胃弱、疲勞、氣喘（特別是冬季）、支氣管炎、慢性咳嗽·咳痰

南瓜

蔬菜類、菇類

● **營養特性**

β-胡蘿蔔素、鉀、食物纖維含量較多。維生素E的含量在蔬菜類中名列前茅。維生素C相對來說也比較高。

奈良老師的建議

綠色外皮的部份含有較多非水溶性食物纖維，如果是容易軟便的狗狗請給予黃色果肉部份即可。適量地給予外皮與果肉對於促進排便有相當的幫助。

西洋南瓜 / 果實、生

熱量	水分	蛋白質	脂質	碳水化合物	食物纖維（水溶性）	食物纖維（非水溶性）	食物纖維總量
91	76.2	1.9	0.3	20.6	0.9	2.6	3.5

| 體質 | | | | 氣鬱 | | 痰濕 | 濕熱 |

五味	辛（生）、甘（加熱）	五性	涼
歸經	肺、胃	季節	秋、冬

中醫學之功效　消食、化痰、寬中、降氣

可對應的症狀 ▶　消化不良、腹部膨脹感、嘔吐、下痢、便祕、痰多之咳嗽、喉嚨不舒服、口乾、鼻血

白蘿蔔

● **營養特性**

葉中含有豐富的β-胡蘿蔔素、鐵、鈣、維生素C。根部含有較多的鉀，以及澱粉酶等的消化酵素，可幫助澱粉的消化。

奈良老師的建議　白蘿蔔葉雖然含有豐富的營養素，但也因為是農藥附著較多的部份，必須仔細清洗、水煮之後再使用。根部則將皮去除之後，切成丁狀也能夠變身為補充水分的小零食。

根、含皮、生

熱量	水分	蛋白質	脂質	碳水化合物	食物纖維（水溶性）	食物纖維（非水溶性）	食物纖維總量
18	94.6	0.5	0.1	4.1	0.5	0.9	1.4

體質			氣虛	血虛			陰虛			

五味	甘	五性	平
歸經	肺、脾、肝	季節	春、夏、冬

中醫學之功效　健脾、消食、滋陰、補血、明目

可對應的症狀 ▶　消化不良、食慾不振、下痢、便祕、乾眼症、夜盲症、眼睛疲勞

蔬菜類、菇類

胡蘿蔔

◉ 營養特性
β-胡蘿蔔素含量非常高。西洋胡蘿蔔的顏色由β-胡蘿蔔素所形成，而東洋的金時紅蘿蔔則是蕃茄紅素。含有破壞維生素C的抗壞血酸。

奈良老師的建議　胡蘿蔔中所含的β-胡蘿蔔素為脂溶性維生素，因此與含有脂質的食品一起使用更能夠提升營養素的吸收率。再者，胡蘿蔔的細胞壁較硬，如果需要攝取營養素時可以磨成泥，要使用在刺激牙齦等方面時可以切成棒狀後再給予食用。

根、含皮、生

熱量	水分	蛋白質	脂質	碳水化合物	食物纖維 （水溶性）	食物纖維 （非水溶性）	食物纖維總量
39	89.1	0.7	0.2	9.5	0.7	2.1	2.8

體質				血瘀					

五味	甘	五性	涼
歸經	肝、脾、胃	季節	夏

中醫學之功效　活血、生津、消食、解暑

可對應的症狀 ▶　天熱引起之食慾不振、生活習慣病

黃麻

◉ **營養特性**

β-胡蘿蔔素為巴西里、胡蘿蔔的大約1.4倍，菠菜的3倍。維生素 B_1、B_2、維生素E、維生素K、鉀、鈣、食物纖維量也較多。

奈良老師的建議

菜葉部份於切細時出現的黏液成分為水溶性食物纖維，有延遲血糖值上升等的生理作用。草酸含量多且容易受損，如果要保存時可以先水煮之後再切細、冷凍。

莖葉、生

熱量	水分	蛋白質	脂質	碳水化合物	食物纖維（水溶性）	食物纖維（非水溶性）	食物纖維總量
38	86.1	4.8	0.5	6.3	1.3	4.6	5.9

體質							痰濕	濕熱

五味	苦	五性	寒
歸經	心、脾、胃	季節	夏

中醫學之功效　解暑、明目、解毒

可對應的症狀 ▶　夏日疲倦症、發燒、發燒引起之口乾、胸悶、煩躁、眼睛充血及疼痛

蔬菜類、菇類

苦瓜

● **營養特性**

與綠花椰菜含有大約相同量的維生素C。食物纖維比白蘿蔔稍微多些。較粗大且顏色較深代表質量較好，但顏色較淡外表顆粒狀較大的果實苦味較強。

奈良老師的建議

消除暑熱最具代表性的蔬菜。在中醫理論中認為能夠消解因暑熱引起之夏天倦怠症、發燒或是肝熱，有效改善眼睛模糊或是眼睛充血等眼睛的不適症狀。除此之外，含有豐富的維生素C、鐵質、食物纖維，也有改善食慾不振、消化不良以及降低血糖值、血壓的效果。在天氣炎熱的時期建議較積極地攝取。

果實、生

熱量	水分	蛋白質	脂質	碳水化合物	食物纖維（水溶性）	食物纖維（非水溶性）	食物纖維總量
17	94.4	1	0.1	3.9	0.5	2.1	2.6

| 體質 | | | | | | | 痰濕 | 濕熱 |

| 五味 | 甘、淡 | 五性 | 寒 |
| 歸經 | 肺、大腸、小腸、膀胱 | 季節 | 夏 |

中醫學之功效　清熱、利水、消腫、解毒、生津、除煩

可對應的症狀 ▶　浮腫、夏日疲倦症、排尿不順、腹水、口乾、海鮮、海藻類引起之食物中毒

冬瓜

● 營養特性
含有95％以上的水分。維生素C與鉀的含量比較。

梅原老師的建議
在日本與中國自古以來都會種植的夏季蔬菜。由於可以長期保存而得名。此食材的清熱、利尿效果相當良好，而且對於浮腫、膀胱炎、腎臟病、高血壓等也有效。熱量低、富含食物纖維，對於浮腫類型的肥胖，也就是所謂的水腫型肥胖是最適合的食材。鉀含量較高與小黃瓜不相上下，應特別留意。

果實、生

熱量	水分	蛋白質	脂質	碳水化合物	食物纖維（水溶性）	食物纖維（非水溶性）	食物纖維總量
16	95.2	0.5	0.1	3.8	0.4	0.9	1.3

體質							痰濕	濕熱

五味	微甘	五性	寒
歸經	胃、大腸	季節	夏

中醫學之功效　清熱、涼血、化濕、解毒

可對應的症狀 ▶　白帶、血便、尿白濁、食物中毒、鼻血

空心菜

● 營養特性

正式的名稱為「蕹菜」。β-胡蘿蔔素、維生素B群含量豐富，鐵與鈣也比較多。食物纖維也多，不過以非水溶性纖維為主體。

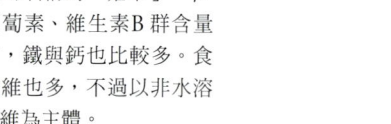

梅原老師的建議

中國原產蔬菜。藉由將身體中的熱以及多餘的水分排出，可抑止因熱所引起的出血，或是抑制發炎或腫脹、改善便祕等功效。對於鼻血、血便、食物中毒也有效果。為使得豐富的食物纖維、維生素、礦物質能夠容易吸收，建議可以稍微用油快炒的方式調理。

葉菜 / 莖葉、生

熱量	水分	蛋白質	脂質	碳水化合物	食物纖維（水溶性）	食物纖維（非水溶性）	食物纖維總量
17	93	2.2	0.1	3.1	0.4	2.7	3.1

| 體質 | | | 血瘀 | 陰虛 | | | 季節 | 春、秋 |

| 五味 | 甘、苦、辛 | 五性 | 溫 | 歸經 | 胃、肝、腎 |

中醫學之功效　　補五臟、消食、降氣、滋陰、開胃、溫胃、止咳、解毒

可對應的症狀 ▶　消化不良、腹部膨脹感、腹痛、咳嗽、乳腺炎、便祕、上火、發熱感之腫塊

蕪菁

● 營養特性
與白蘿蔔類似的營養特性。含有澱粉的消化酵素澱粉酶。菜葉中含有較多的 β-胡蘿蔔素、維生素C、鈣。

根、含皮、生

熱量	水分	蛋白質	脂質	碳水化合物	食物纖維（水溶性）	食物纖維（非水溶性）	食物纖維總量
20	93.9	0.7	0.1	4.6	0.3	1.2	1.5

| 體質 | | | 氣鬱 | | 痰濕 | 濕熱 | 季節 | 冬、春 |

| 五味 | 辛、甘 | 五性 | 涼（平） | 歸經 | 心、脾、胃、肝、肺 |

中醫學之功效　　安神、和脾胃、理氣、化痰、清肝、明目

可對應的症狀 ▶　失眠、煩躁、胸悶、食慾不振、消化器官症狀、咳嗽、痰、高血壓

茼蒿
（春菊）

● 營養特性
β-胡蘿蔔素、維生素B群、C、E、鐵、鈣、食物纖維含量較多。

葉、生

熱量	水分	蛋白質	脂質	碳水化合物	食物纖維（水溶性）	食物纖維（非水溶性）	食物纖維總量
22	91.8	2.3	0.3	3.9	0.8	2.4	3.2

| 體質 | 氣虛 | 血虛 | | | | | 濕熱 | 季節 | 秋、冬（牛蒡春天會新生） |

| 五味 | 苦、辛 | 五性 | 寒 | 歸經 | 肺、心、肝、大腸 |

中醫學之功效　　通便、補腎、清熱、祛風

可對應的症狀 ▶　便祕、發燒、口乾、感冒喉嚨痛、咳嗽、發熱感之腫塊、母乳不足

● 營養特性

主成分雖然為碳水化合物，但大部份為食物纖維。水溶性食物纖維的菊糖（菊粉）有整腸作用，非水溶性食物纖維的木質素則對於促進排便有所幫助。銅含量相對來說較多。

牛蒡

根、生

熱量	水分	蛋白質	脂質	碳水化合物	食物纖維（水溶性）	食物纖維（非水溶性）	食物纖維總量
65	81.7	1.8	0.1	15.4	2.3	3.4	5.7

| 體質 | | 血虛(加熱) | 血瘀(加熱) | | 生 | | | 季節 | 秋、冬 |

| 五味 | 甘 | 五性 | 寒（生）、平（加熱） | 歸經 | 心、脾、胃 |

中醫學之功效　　生：止渴、生津、清熱、潤肺、涼血、化瘀／加熱：健脾、開胃、止瀉、固精

可對應的症狀 ▶　生：發燒引起之口乾及胸悶、慢性咳嗽、喉嚨痛、貧血、各種出血／加熱：噁心、胃不適、下痢

● 營養特性

主成分為碳水化合物。蛋白質與礦物質含量較少，維生素類中C含量豐富。非水溶性食物纖維含量高，切口上所產生的褐色狀態來自丹寧（鞣酸）。

蓮藕

根莖、生

熱量	水分	蛋白質	脂質	碳水化合物	食物纖維（水溶性）	食物纖維（非水溶性）	食物纖維總量
66	81.5	1.9	0.1	15.5	0.2	1.8	2

| 體質 | | 血虛 | 血瘀 | | | | 濕熱 | 季節 | 秋、冬 |

| 五味 | 甘、辛 | 五性 | 平 | 歸經 | 肝、肺、脾 |

中醫學之功效　活血、清熱、除煩、健脾、安神、理血

可對應的症狀 ▶　血瘀引起之各種症狀、煩熱、胸悶、胃食道逆流、整腸、煩躁

青江菜

● 營養特性
β-胡蘿蔔素、維生素C、鐵、鈣的含量較多。食物纖維含量並不太高。

葉、生

熱量	水分	蛋白質	脂質	碳水化合物	食物纖維（水溶性）	食物纖維（非水溶性）	食物纖維總量
9	96	0.6	0.1	2	0.2	1	1.2

| 體質 | | 血虛 | 血瘀 | 陰虛 | | 痰濕 | 濕熱 | 季節 | 春、夏 |

| 五味 | 甘、苦 | 五性 | 涼 | 歸經 | 胃、小腸 |

中醫學之功效　清熱、利濕、通乳、活血、補血、健脾、通便

可對應的症狀 ▶　便祕、排尿不順、浮腫、母乳不足、高血壓

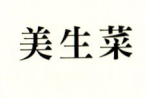

美生菜

● 營養特性
含水量95％以上，食物纖維並不會太多。沙拉葉、散葉生菜、紅葉生菜比一般的美生菜高出10倍以上的β-胡蘿蔔素含量。

結球葉 / 生

熱量	水分	蛋白質	脂質	碳水化合物	食物纖維（水溶性）	食物纖維（非水溶性）	食物纖維總量
12	95.9	0.6	0.1	2.8	0.1	1	1.1

體質							痰濕	濕熱	季節	全年

五味	甘	五性	寒	歸經	心、胃

中醫學之功效　　清熱、解毒、解暑、利水

可對應的症狀 ▶　夏日倦怠症、排尿不順、浮腫、口內炎、口乾、食物中毒

● 營養特性

與大豆芽菜相比，蛋白質與及纖維量大約只有1/2。在發芽時維生素C也同時增加。發芽時生成的消化酵素對於消化有良好的效果。

綠豆芽菜

生

熱量	水分	蛋白質	脂質	碳水化合物	食物纖維（水溶性）	食物纖維（非水溶性）	食物纖維總量
14	95.4	1.7	0.1	2.6	0.1	1.2	1.3

體質			血瘀		陰虛				季節	夏

五味	甘、苦	五性	平	歸經	腎、胃

中醫學之功效　　補陰、生津、健脾、消食、通便、活血

可對應的症狀 ▶　疲勞、腹部膨脹感、便祕、消化不良

● 營養特性

β-胡蘿蔔素、鈣、鐵、維生素C相對來說含量較多。切開之後產生的黏液成分中含有醣蛋白的黏液素與水溶性食物纖維的果膠。

> **奈良老師的建議**
> 黏液素對於蛋白質的消化吸收以及保護胃粘膜有所幫助，果膠則有整腸的作用。因含有非常多的食物纖維量，應注意不得過量給予。

秋葵

果實、生

熱量	水分	蛋白質	脂質	碳水化合物	食物纖維（水溶性）	食物纖維（非水溶性）	食物纖維總量
30	90.2	2.1	0.2	6.6	1.4	3.6	5

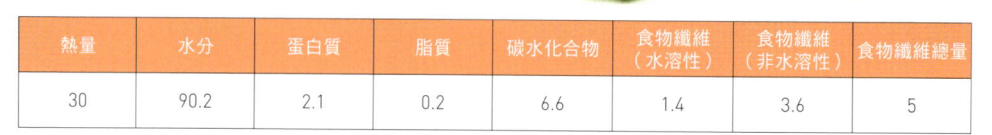

體質	氣虛							季節	冬

五味	甘	五性	平	歸經	脾、腎、胃

中醫學之功效　健脾、和胃、補腎、強筋骨

可對應的症狀 ▶　消化吸收不良、腎功能下降、虛弱

花椰菜

● 營養特性

維生素C含量僅次於綠花椰菜，水煮之後流失量也較少。維生素 B_1、B_2、以及食物纖維的含量也十分豐富。

花序、生

熱量	水分	蛋白質	脂質	碳水化合物	食物纖維（水溶性）	食物纖維（非水溶性）	食物纖維總量
27	90.8	3	0.1	5.2	0.4	2.5	2.9

體質	氣虛			陽虛	痰濕	濕熱	季節	春

五味	苦、甘	五性	微涼	歸經	肺、心、肝、腎

中醫學之功效　補氣、清熱、生津、利水

可對應的症狀 ▶　發燒時之口乾、煩躁、浮腫、膀胱炎、乾咳、痰

蘆筍

● 營養特性

在蔬菜類中，蛋白質、維生素、礦物質的含量非常均衡。含有胺基酸中的天門冬醯胺酸，與熱量的代謝有關。

嫩莖、生

熱量	水分	蛋白質	脂質	碳水化合物	食物纖維（水溶性）	食物纖維（非水溶性）	食物纖維總量
22	92.6	2.6	0.2	3.9	0.4	1.4	1.8

體質				氣鬱			痰濕	濕熱	季節	冬、春

五味	甘、苦	五性	涼	歸經	肝、胃、肺、脾

中醫學之功效　　平肝、清熱、利濕、治淋

可對應的症狀 ▶　肝陽上亢引起之焦躁、暈眩、上火、頭痛、排尿障礙（頻尿且尿濁、排尿不順等）、高血壓、血尿引起之症狀

● 營養特性

β-胡蘿蔔素、維生素C、礦物質類的含量都非常均衡且豐富。菜葉中也含有許多的β-胡蘿蔔素、維生素B_1、B_2、C。

西洋芹

葉柄、生

熱量	水分	蛋白質	脂質	碳水化合物	食物纖維（水溶性）	食物纖維（非水溶性）	食物纖維總量
15	94.7	0.4	0.1	3.6	0.3	1.2	1.5

體質		血瘀	氣鬱					季節	夏

五味	甘、辛	五性	溫（平）	歸經	肝、心、脾、腎

中醫學之功效　　溫中、散寒、開胃、消食

可對應的症狀 ▶　精神不安、消化不良、肥胖、便秘、血循不良、動脈硬化、預防糖尿病、預防癌症

● 營養特性

含有較多的維生素C，為蕃茄的4倍，以及幫助維生素C吸收之維生素P。青椒在完全成熟之後會變成紅色，β-胡蘿蔔素及維生素C也會增加兩倍。

奈良老師的建議：黃色或橘色的彩椒為不同的品種，比起青椒雖然維生素C含量較高，但是在β-胡蘿蔔素上卻相差甚多。

青椒

青椒/果實、生

熱量	水分	蛋白質	脂質	碳水化合物	食物纖維（水溶性）	食物纖維（非水溶性）	食物纖維總量
22	93.4	0.9	0.2	5.1	0.6	1.7	2.3

蔬菜類、菇類

| 體質 | 氣虛 | 血虛 | 血瘀 | 氣鬱 | 陰虛 | 陽虛 | 痰濕 | 濕熱 | 季節 | 春、秋 |

| 五味 | 甘 | 五性 | 平 | 歸經 | 肝、胃 |

中醫學之功效　　補氣、托透疹、止血、健脾

可對應的症狀 ▶　疲勞、病後體力衰弱、胃弱引起之消化不良、食慾不振、胃積食、高血壓

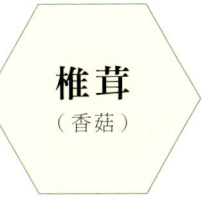

椎茸（香菇）

● 營養特性
含有較多的麥角固醇，照射到紫外線後能夠轉換成維生素D。也含有能達到抗腫瘤預期效果的β-葡聚糖、以及能降低血中膽固醇的香菇嘌呤。

菌床栽培、生

熱量	水分	蛋白質	脂質	碳水化合物	食物纖維（水溶性）	食物纖維（非水溶性）	食物纖維總量
19	90.3	3	0.3	5.7	0.4	3.8	4.2

| 體質 | 氣虛 | 血虛 | 血瘀 | 氣鬱 | 陰虛 | 陽虛 | 痰濕 | 濕熱 | 季節 | 秋 |

| 五味 | 甘 | 五性 | 涼 | 歸經 | 脾 |

中醫學之功效　　補血、通便、澤膚

可對應的症狀 ▶　肝病、腫瘤、高血壓、糖尿病

鴻禧菇

● 營養特性
雖然維生素 B_2 的含量較高，香菇嘌呤的含量反而不多。含有較多鮮味成分的麩胺酸及天門冬醯胺酸、還有胺基酸中的離胺酸。

鴻禧菇 / 生

熱量	水分	蛋白質	脂質	碳水化合物	食物纖維（水溶性）	食物纖維（非水溶性）	食物纖維總量
18	90.8	2.7	0.6	5	0.3	3.4	3.7

體質	氣虛	血虛	血瘀	氣鬱	陰虛	陽虛	痰濕	濕熱	季節	秋、冬

五味	甘	五性	涼	歸經	脾、大腸

中醫學之功效　補氣、補血、通便、澤膚

可對應的症狀 ▶　便祕、疲勞、貧血、糖尿病、高血壓

◉ 營養特性
維生素 B_1 的含量在菇類中最高。食物纖維量僅次於香菇。包含在金針菇萃取物的殼聚糖有預防癌症的效果。

金針菇

生

熱量	水分	蛋白質	脂質	碳水化合物	食物纖維（水溶性）	食物纖維（非水溶性）	食物纖維總量
22	88.6	2.7	0.2	7.6	0.4	3.5	3.9

體質	氣虛	血虛	血瘀	氣鬱	陰虛	陽虛	痰濕	濕熱	季節	秋

五味	甘	五性	平～微溫	歸經	脾

中醫學之功效　補氣、益胃、止血、降壓、利尿、解熱

可對應的症狀 ▶　糖尿病、肝病、肥胖、腫瘤

◉ 營養特性
含有麥角固醇，量較香菇少。也含有較多維生素 B_2，但也不及鴻禧菇。食物纖維僅次於金針菇。另外也含有抗腫瘤效果的 β-葡聚糖。

舞茸菇

生

熱量	水分	蛋白質	脂質	碳水化合物	食物纖維（水溶性）	食物纖維（非水溶性）	食物纖維總量
15	92.7	2	0.5	4.4	0.3	3.2	3.5

蔬菜類、菇類

體質		氣虛	**血虛**	**血瘀**	氣鬱	陰虛	陽虛	痰濕	濕熱

五味	甘	五性	平
歸經	肺、胃、大腸、肝	季節	春、夏、秋

中醫學之功效 滋陰、補血、涼血、止血、益精

可對應的症狀 ▶ 貧血、各種出血、煩熱、肺陰虛引起之咳嗽、疲勞

黑木耳

● **營養特性**
鈣、磷、鐵、食物纖維及麥角固醇的含量都比其他菇類高。黑木耳與白木耳的營養素雖然類似，黑木耳的鐵質含量較多。

梅原老師的建議

木耳為生長在桑樹上的一種菇類。可分為黑木耳與白木耳兩種，在日本一般以黑木耳為主。食物纖維、維生素D、鈣、鐵的含量豐富，特別是白木耳可以針對乾咳、水分不足而引起的乾燥或便祕，而黑木耳對於貧血或者淨化血液有效果。另外被認為對於鈣質的補給、預防老化、婦科相關疾病，特別是子宮頸癌的預防有良好的效果。

奈良老師的建議

關於菇類

以特徵性質成分來說，維生素D為「香菇」，β-葡聚糖為「舞茸菇」，維生素B₁為「金針菇」，鮮味成分的麩胺酸則為「鴻禧菇」中的含量較高。如果希望能達到有抗癌作用的效果，則必須要攝取非常大的量，因此建議使用精華萃取之輔助營養品等方式較佳，這樣也能夠避免因過度大量攝取而造成食物逆流、軟便、下痢、嘔吐等負面效果。

木耳 / 水煮

熱量	水分	蛋白質	脂質	碳水化合物	食物纖維（水溶性）	食物纖維（非水溶性）	食物纖維總量
13	93.8	0.6	0.2	5.2	0	5.2	5.2

【水果類】

維生素、礦物質、抗氧化物質等含量都很豐富，由於其中有狗狗最喜歡的甜味，總是吃得津津有味，飼主往往會不知不覺地給予過量的水果。果糖的含量較高，因此給予過量會導致肥胖，應注意給予量並不要經常食用。對於給予時的大小也請留意，避免因為過大而哽在喉嚨。

體質	氣虛						

五味	甘	五性	寒
歸經	肺、脾、胃、大腸	季節	全年（菲律賓）
中醫學之功效	清熱、潤肺、通便、解毒		
可對應的症狀 ▶	口乾、乾咳、痔瘡、便祕		

香蕉

● 營養特性
主成分為碳水化合物。以葡萄糖及果糖為主。鉀含量較多。在食物纖維裡的寡醣及果膠有助於整腸作用。

奈良老師的建議
容易消化且熱量較高，可以作為補充熱量的零食使用。原本狗狗就不太喜歡果菜味過重的食物，建議可以使用茅屋乳酪或是蛋、雞肉等蛋白質一起餵食，就能成為一道健康的輕食。

生

熱量	水分	蛋白質	脂質	碳水化合物	食物纖維（水溶性）	食物纖維（非水溶性）	食物纖維總量
86	75.4	1.1	0.2	22.5	0.1	1	1.1

| 體質 | | | | | | 陰虛 | | 痰濕 | 濕熱 |

五味	甘	五性	寒
歸經	心、胃、膀胱	季節	夏

中醫學之功效 清熱、解暑、除煩、止渴、利水

可對應的症狀 ▶ 夏日倦怠症、發燒引起之口乾及煩躁、濁尿、排尿不順、浮腫、喉嚨腫、痛、口內炎、高血壓、糖尿病

西瓜

● 營養特性
β-胡蘿蔔素的含量豐富，鉀也比較多。也含有屬於游離胺基酸之一的瓜氨酸。

奈良老師的建議　由於糖分及礦物質使得吸收較好，非常適合夏天的水分補給。而且食物纖維含量較少不容易影響腸道環境也是好處。瓜氨酸對於阿摩尼亞（氨）的解毒、血管擴張、抗氧化等作用都有可期待的效果。

紅肉種、生

熱量	水分	蛋白質	脂質	碳水化合物	食物纖維 （水溶性）	食物纖維 （非水溶性）	食物纖維總量
37	89.6	0.6	0.1	9.5	0.1	0.2	0.3

體質	氣虛	氣鬱	痰濕
五味	酸、甘	五性	涼（平）
歸經	脾、胃、心	季節	秋、冬

中醫學之功效：健脾、止渴、開胃、化痰、生津、潤肺

可對應的症狀 ▶ 下痢、嘔吐、便祕、消化不良、食慾不振、口乾、精神不安

蘋果

● 營養特性

富含有整腸效果的水溶性食物纖維（果膠）、有利尿效果的鉀、以及熱量轉換效率較好的葡萄糖及果糖。維生素C較少。

奈良老師的建議

蘋果的果皮與果肉之間含有較多的果膠，將果皮一同磨成果泥能提升整腸效果。但因為是容易殘留農藥的水果，若不是減少農藥或者是無農藥栽培的話，建議還是削皮後再餵食為佳。雖然切成薄片也沒有太大的關係，但有時候可能會造成食物逆流，或者是未完全消化從糞便中排出的狀況，因此如果要活用果膠效果，打成泥狀會是不錯的方式。

含皮、生

熱量	水分	蛋白質	脂質	碳水化合物	食物纖維（水溶性）	食物纖維（非水溶性）	食物纖維總量
61	83.1	0.2	0.3	16.2	0.5	1.4	1.9

體質				血瘀				

五味	甘、酸	五性	平
歸經	肺、脾、腎	季節	夏

中醫學之功效　　清肝、明目、活血、補肝、補腎

可對應的症狀 ▶　眼睛疲勞、視力減弱、血循不良、腰膝無力

藍莓

● **營養特性**
食物纖維含量較多。稱之為花色素苷的紫色色素其抗氧化作用為主要的特色。

奈良老師的建議
抗氧化成分對於疾病預防或是延緩老化有很大的幫助。可做為低熱量且健康的零食，建議每次給予少量即可。

生

熱量	水分	蛋白質	脂質	碳水化合物	食物纖維（水溶性）	食物纖維（非水溶性）	食物纖維總量
49	86.4	0.5	0.1	12.9	0.5	2.8	3.3

體質					陰虛		痰濕	

五味	甘、微酸	五性	涼
歸經	肺、胃	季節	夏、秋

中醫學之功效　生津、滋陰、清熱、化痰、止咳、生肌

可對應的症狀 ▶　口乾、咳嗽痰多、陰虛引起之煩躁、口乾、喉嚨或胸部不適、喉嚨痛、疲勞

水梨

● 營養特性

維生素及礦物質含量不高。鉀的含量相對來說高些。也含有蛋白質的消化酵素。

奈良老師的建議

水梨為吸收良好的水分來源，但由於含有食物纖維，如果使用過量會造成軟便。

日本梨／生

熱量	水分	蛋白質	脂質	碳水化合物	食物纖維（水溶性）	食物纖維（非水溶性）	食物纖維總量
43	88	0.3	0.1	11.3	0.2	0.7	0.9

體質	氣虛		氣鬱		痰濕	濕熱	季節	冬、春

五味	甘、酸	五性	涼	歸經	肺、胃、肝

中醫學之功效　　潤肺、生津、滋陰、清熱、健胃、消食

可對應的症狀 ▶　喉嚨痛伴隨的發熱感、乾咳、痰、慢性下痢、消化不良、便祕、夏日倦怠症

● 營養特性

維生素C、鉀含量較多。

草莓

生

熱量	水分	蛋白質	脂質	碳水化合物	食物纖維（水溶性）	食物纖維（非水溶性）	食物纖維總量
34	90	0.9	0.1	8.5	0.5	0.9	1.4

體質			氣鬱		痰濕	濕熱	季節	11〜5月（紐西蘭）

五味	甘、酸	五性	寒	歸經	胃、腎

中醫學之功效　　清熱、止瀉、和胃、降逆、止渴、通淋

可對應的症狀 ▶　消化不良、食慾不振、打嗝、噁心、口乾、頻尿、排尿不順、尿道結石、痔瘡、熱邪引起之乾咳、疲勞

● 營養特性

維生素C含量豐富，銅含量相對來說也比較高。也含有稱為奇異果酵素的蛋白質消化酵素以及水溶性食物纖維的果膠。

奇異果

綠肉種 / 生

熱量	水分	蛋白質	脂質	碳水化合物	食物纖維（水溶性）	食物纖維（非水溶性）	食物纖維總量
53	84.7	1	0.1	13.5	0.7	1.8	2.5

水果類

體質						痰濕		季節	春、初夏

五味	甘、酸	五性	涼	歸經	肺、脾、肝

中醫學之功效　　潤肺、止咳、生津、止渴、行氣、化痰、和胃

可對應的症狀 ▶　食慾不振、嘔吐、胃積食、口乾、熱邪引起之咳嗽、痰、打嗝、夏日倦怠症、疲勞

枇杷

● 營養特性
主成分為葡萄糖及果糖。β-胡蘿蔔素含量豐富。也含有抗氧化作用較高的多酚。

生

熱量	水分	蛋白質	脂質	碳水化合物	食物纖維（水溶性）	食物纖維（非水溶性）	食物纖維總量
40	88.6	0.3	0.1	10.6	0.4	1.2	1.6

體質	氣虛							季節	秋

五味	甘、澀	五性	寒	歸經	心、肺、大腸

中醫學之功效　　清熱、潤肺、生津、止渴

可對應的症狀 ▶　熱邪引起之咳嗽、吐血、口乾、口內炎、血便、熱邪引起之下痢、發燒、痔瘡

柿子

● 營養特性
主成分為醣類，葡萄糖、果糖、蔗糖較多。維生素C僅次於柑橘類。其他也含有β-胡蘿蔔素及鉀。

甜柿、生

熱量	水分	蛋白質	脂質	碳水化合物	食物纖維（水溶性）	食物纖維（非水溶性）	食物纖維總量
60	83.1	0.4	0.2	15.9	0.2	1.4	1.6

【堅果類】

以中醫學的性質觀點來看，有許多優秀的食材，但因為不容易消化，餵食時應切碎或研磨成粉狀較佳。在每天的食物中只需要加入少許就能夠有預期的效果。建議不要攝取過量。

切碎或磨成粉狀之後，由於油脂含量較高，請儘早使用完畢。

體質	氣虛	血虛			陽虛	

五味	甘	五性	溫
歸經	腎、肺	季節	秋

中醫學之功效	固精、溫肺、平喘、通便、排石
可對應的症狀 ▶	腎虛引起之腰痛、膝腰無力、耳鳴、頻尿、尿失禁、肺腎虛引起之慢性咳嗽、乾燥性便祕、尿道結石

核桃

梅原老師的建議

在中醫學裡認為核桃對於腦、腎、肺有功效。是能夠補給體內的陽氣、提供身體滋潤的食材，因此可以使用在因體寒所引起的泌尿器官疾病或是生殖器官、咳嗽或氣喘、便祕的症狀。給予時應注意不得過量。

烘炒

熱量
674

● **營養特性**

含有將近70%的脂質。含有較多不飽和脂肪酸的亞油酸與 α-亞麻酸。食物纖維及維生素E也很多。

體質	氣虛	血虛			陰虛	陽虛		

五味	甘	五性	微溫
歸經	肝、肺、大腸	季節	秋、冬

中醫學之功效	潤肺、通便、止咳、平喘、補血、袪風、澤膚、榮髮
可對應的症狀 ▶	燥邪引起之乾咳、高齡或氣血兩虛引起之乾燥性便祕、皮膚乾燥、關節痛

松子

堅果類

梅原老師的建議

在中國被稱之為長壽果。滋補強健的作用較強，對於腸胃功能較差、身體虛弱有氣無力、乾咳持續不斷、皮膚有乾燥傾向的動物能發揮其效果。可以用烘炒、油炸方式，或者直接食用。但請注意不要給予過量。

烘炒

熱量
690

● 營養特性

含有將近70％的脂質。蛋白質、鐵、鋅、維生素B_1、B_2、E 也含量豐富。不飽和脂肪酸佔脂質中的半數以上，其中亞油酸及油酸較多。

體質	氣虛						

五味	甘、澀	五性	平
歸經	脾、腎、心	季節	夏

中醫學之功效 健脾、止瀉、益腎、固精、養心、安神

可對應的症狀 ▶ 脾虛引起之慢性下痢、食慾不振、白帶、尿失禁、精神不安、心悸、失眠、煩熱、虛弱體質

蓮子

梅原老師的建議

在日本並不太常見，但在亞洲是經常使用的食材。蓮子中所含的鉀、食物纖維、維生素 B₁ 能夠緩解浮腫問題、消除疲勞，也有提升腸胃功能的效果。在中醫學的理論中，除了對於食慾不振、慢性下痢、浮腫之外，在生殖系統的疾病、精神不安等症狀也有效，經常使用於藥膳燉煮、湯，或是火鍋料理中。使用時請注意不要給予過量。

成熟 / 水煮

熱量
133

● **營養特性**
主成分為碳水化合物。鈣、鉀、磷、銅含量較多。在堅果類中食物纖維的含量較少。

| 體質 | 氣虛 | | | | 陽虛 | | 季節 | 秋 |

| 五味 | 甘、澀、苦 | 五性 | 平 | 歸經 | 肺、腎 |

中醫學之功效　潤肺、補氣、止帶、縮尿

可對應的症狀 ▶　肺虛引起之咳嗽、呼吸困難、痰、脾虛引起之下痢、腎虛引起之頻尿、白帶

銀杏

水煮

熱量
174

● 營養特性
主成分為醣類、脂質、蛋白質。鉀含量豐富，β-胡蘿蔔素、維生素B群、銅也較多。維生素E的含量比南瓜多兩倍以上。

堅果類

| 體質 | 氣虛 | | 血瘀 | | | 痰濕 | | 季節 | 秋 |

| 五味 | 甘、苦 | 五性 | 溫 | 歸經 | 脾、胃、腎 |

中醫學之功效　益胃、健脾、補腎、強筋、活血、止血、止咳、化痰、健腦

可對應的症狀 ▶　腎虛引起之膝腰衰弱、無力、頻尿、尿失禁、支氣管炎、脾虛引起之下痢、胃弱

栗子

日本甘栗 / 水煮

熱量
167

● 營養特性
比其他的堅果類脂質低，且澱粉含量較高。維生素B_1、C、銅的含量豐富。

| 體質 | 氣虛 血虛 | | | 陰虛 陽虛 | | | 季節 | 秋 |

| 五味 | 甘 | 五性 | 平 | 歸經 | 肝、脾、腎 |

中醫學之功效　　補肝、補腎、通便、潤燥、補血、益精

可對應的症狀　▶　五臟衰弱、肝腎虛引起之腰到後肢的無力、暈眩、耳鳴、白髮、脫毛、乾燥性便祕

黑芝麻

烘炒

熱量
599

● 營養特性
含有將近50％的脂質。鈣、鉀、鎂、磷、鐵、鋅、銅、維生素B_1、B_2、E含量豐富。也含有抗氧化作用較強的芝麻木酚素。

| 體質 | | 血虛 | | | | | 季節 | 秋 |

| 五味 | 甘 | 五性 | 平 | 歸經 | 肺、脾、大腸 |

中醫學之功效　　通便、潤燥

可對應的症狀　▶　乾燥性便祕、皮膚乾燥

關於芝麻

梅原老師的建議

營養成分與黑芝麻幾乎相同，但白芝麻含有優質的不飽和脂肪酸與稍多的芝麻素，黑芝麻則含有較多的鈣、花色素苷。兩者除了都有保護血管、改善血液循環的作用之外，由於也有較強的抗氧化作用，對於延緩老化也有其功效。在中醫學性質上認為白芝麻對於皮膚的乾燥和通便有較大的效果，黑芝麻對於補血、滋潤被毛的效果較好。芝麻外殼較硬無法被消化吸收，建議研磨成粉狀。給予時請注意使用量。

白芝麻

烘炒

熱量
599

● 營養特性
基本的營養特性與黑芝麻相同，但脂質比黑芝麻稍高些。

體質						痰濕	
五味	甘	五性		溫	歸經		胃、大腸

中醫學之功效　通乳、驅蟲

可對應的症狀 ▶　血循不良、身體冷寒、浮腫、驅蟲

南瓜籽

烘炒、調味

熱量
575

● 營養特性
含有約50％的脂質。其他50％為碳水化合物與蛋白質。磷、鎂、鐵、鋅、食物纖維含量較多。

堅果類

體質			血瘀				季節	夏、秋
五味	甘	五性			平	歸經		脾、大腸

中醫學之功效　止瀉、健脾、通便、理氣

可對應的症狀 ▶　下痢、便祕、食慾不振、暈眩、頭痛、高血壓

葵花籽

炒、調味

熱量
611

● 營養特性
約56％為脂質。蛋白質、鐵、鋅、維生素B_1、B_2、E也很豐富。脂質的大半部份為不飽和脂肪酸。維生素B_1、維生素E、亞油酸的含量比松子更多。

| 體質 | 血虛 | | | | 痰濕 | | 季節 | 秋 |

| 五味 | 甘 | 五性 | 平 | 歸經 | 脾、肺 |

中醫學之功效　　潤肺、和胃、止咳、利水、通乳、健脾、通便、化痰

可對應的症狀 ▶　慢性乾咳、營養不良、脾虛引起之食慾不振、消化不良、浮腫、母乳不足、乾燥性便祕、多發性神經炎（腳氣）

落花生

烘炒、小粒種

熱量
585

● 營養特性

約有50％的脂質。其餘的50％為蛋白質與碳水化合物。維生素B_1、B_2、E含量豐富。鈉、鉀、鎂、鋅及銅含量也較多。

| 體質 | 氣虛 | | | 陽虛 | 痰濕 | | | |

| 五味 | 甘 | 五性 | 溫 | 歸經 | 脾、心 |

中醫學之功效　　解暑、止渴、健脾、生津、利濕

可對應的症狀 ▶　中暑、口乾、浮腫、食慾不振

椰子

椰子粉

熱量
668

● 營養特性

椰奶是由果肉加水所榨出的乳狀汁液。95％為水分。鉀含量相較上高些。

【油脂類、調味料】

必需脂肪酸含量較多的油脂類，由於容易氧化，請使用新鮮的油品。

此外，因熱量較高的緣故，建議使用時應注意給予量不宜過多。

調味料的部份揭載了能夠達到中醫性質上預期效果的食材。

只需要少量便能有預期效果，因此同樣也請注意不宜過量使用。

體質			血瘀			痰濕	

五味	甘	五性	微溫	歸經	脾

中醫學之功效　　補肝、補腎、通便

可對應的症狀 ▶　血瘀引起之疼痛、皮膚病、過敏症狀、便祕

亞麻仁油

奈良老師的建議

植物油中α-亞麻酸的含量最多。能有效減輕發炎症狀的EPA及DHA必須在肝臟中轉換。因此，依據個體需求及目的不同，可以從魚油或者是營養補助食品中直接攝取EPA、DHA，或許效果上更為明顯。

熱量 921

● 營養特性

多元不飽和脂肪酸含量約為70％，其中60％為α-亞麻酸（n-3）。

體質		血虛			陰虛		

五味	甘	五性	平	歸經	肺、脾、肝

中醫學之功效　　健脾、補血、補腎

可對應的症狀 ▶　血瘀引起之高血壓、認知症、肝疾病

荏胡麻油

熱量 921

● 營養特性

約70％為多元不飽和脂肪酸。約70％為多元不飽和脂肪酸。其中的α-亞麻酸（n-3）約佔60％含量最高，其他也含有油酸（n-9）、亞油酸（n-6）。

| 體質 | | | | | | 陽虛 | | |

| 五味 | 辛、甘 | 五性 | 溫 | 歸經 | 大腸 |

| 中醫學之功效 | 溫中、潤腸、解毒 |
| 可對應的症狀 ▶ | 腰部冷寒、便祕 |

大豆油

熱量
921

◉ 營養特性
含有約50％多元不飽和脂肪酸的亞油酸（n-6）。有抗氧化作用的維生素E較多。

| 體質 | | 血虛 | | | | | | |

| 五味 | 甘 | 五性 | 涼 | 歸經 | 肝、大腸 |

| 中醫學之功效 | 潤燥、通便、解毒 |
| 可對應的症狀 ▶ | 便祕、消化不良引起之腹痛、發熱性腫塊 |

油脂類、調味料

麻油

熱量
921

◉ 營養特性
多元不飽和脂肪酸的亞油酸（n-6）與單元不飽和脂肪酸的油酸約各佔一半含量。也含有芝麻木酚素之一的芝麻素。

| 體質 | | | | | | 痰濕 | 濕熱 |

| 五味 | 甘、酸 | 五性 | 平 | 歸經 | 肺、胃 |

中醫學之功效　　清肺、生津、解毒、止咳、化痰、消炎

可對應的症狀 ▶　喉嚨腫、浮腫、疼痛、喉嚨或肺的乾燥

橄欖油

熱量
921

● 營養特性

單元不飽和脂肪酸的油酸約佔70％以上，但多元不飽和脂肪酸的亞油酸（n-6）的含量也不少。有抗氧化作用的維生素E含量也較多。

| 體質 | 氣虛 | 血虛 | | | | | |

| 五味 | 辛 | 五性 | 溫 | 歸經 | 肝、肺、脾、大腸 |

中醫學之功效　　通便、解毒

可對應的症狀 ▶　便祕

菜籽油

熱量
921

● 營養特性

約60％為單元不飽和脂肪酸的油酸（n-9）。

體質	氣虛	血虛	**血瘀**	氣鬱	陰虛	陽虛	痰濕	濕熱

五味	酸、苦	五性	溫

歸經	肝、胃

中醫學之功效　活血散瘀、消食化積、消腫軟堅、解毒、止血

可對應的症狀 ▶　血瘀引起之出血、食慾不振、消化不良、食物中毒

黑醋

梅原老師的建議
由玄米所製作出來的黑醋比起其他的穀物醋在胺基酸的含量上豐富許多。在日本較少被使用，但在中國是餐桌上常備的佐料，各種食物搭配黑醋一起食用以達到促進消化的效果。

油脂類、調味料

熱量
54

◉ 營養特性
使用米、大麥等穀物所製成的穀物醋之中，使用玄米或是精製度較低的米、大麥所釀造出來的醋即為黑醋。胺基酸、維生素、礦物質的含量較多。

| 體質 | 氣虛 | 血虛 | 血瘀 | 氣鬱 | 陰虛 | 陽虛 | 痰濕 | 濕熱 |

| 五味 | 甘 | 五性 | 溫 | 歸經 | 肝、脾、胃 |

中醫學之功效　　補中、活血、化瘀、和胃、降逆、溫中、散寒

可對應的症狀 ▶　胃寒引起之胃痛、脾胃虛弱、產後恢復、風寒邪引起之感冒、下痢、食慾不振、疲勞、身體冷寒

黑砂糖

梅原老師的建議

除了醣類之外，也含有鉀、鐵、鈣、鋅等多種礦物質成分。因有著獨特的香氣，不單是可以作為甜味劑，也可以作為調味料使用。能夠溫暖脾、胃調整身體狀況，也有促進血液循環的作用。而且也有滋潤皮膚的效果。只需要少量便能達到預期的效果，因此請注意不得過量使用。

熱量
356

● 營養特性
約90％為醣類。由於未經過精製程序，鈣、鉀、鐵的含量較多，其他也含有礦物質及維生素B群。

| 體質 | 氣虛 | 血虛 | 血瘀 | 氣鬱 | 陰虛 | 陽虛 | 痰濕 | 濕熱 |

| 五味 | 甘 | 五性 | 平 | 歸經 | 脾、肺、大腸 |

中醫學之功效　　和中、止痛、潤肺、止咳、潤腸、通便、潤膚、解毒

可對應的症狀 ▶　食慾不振、乾咳、乾燥性便祕、疲勞、胃痛、腹痛、皮膚乾燥

蜂蜜

熱量
303

● 營養特性
主成分為果糖與葡萄糖。鉀、鈣、鐵、維生素B_1、B_2、C之外，也含有整腸作用的寡醣。

【藥材、香草、香辛料】

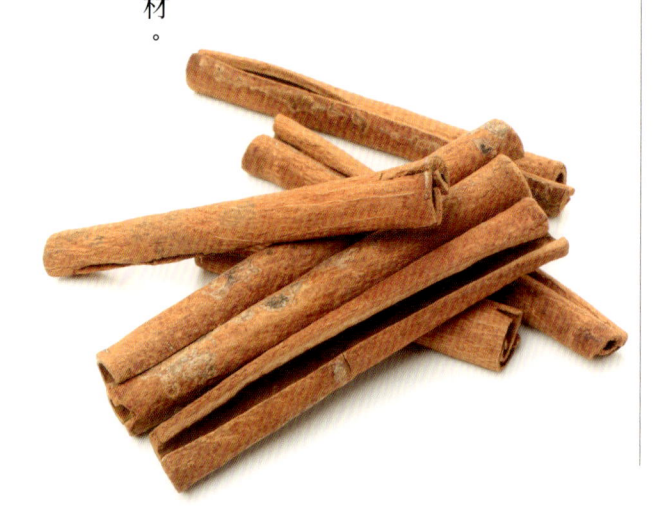

本章節揭載了少量就能夠達到中醫學性質作用預期效果之食、藥材。

建議一次不需要使用過多的量。

此外，請同時觀察體質以及體況配合使用。

| 體質 | 氣虛 | 血虛 | 血瘀 | 氣鬱 | 陰虛 | 陽虛 | 痰濕 | 濕熱 | 季節 | 夏、秋 |

| 五味 | 辛 | 五性 | 溫 | 歸經 | 肺、脾、胃 |

中醫學之功效　散寒解表、溫胃止嘔、化痰行水、解毒

可對應的症狀 ▶　風寒引起之感冒、水般鼻水、頭痛、畏寒、胃寒引起之嘔吐

生薑

● 營養特性
辛辣成分有較強的殺菌作用以及增進食慾的作用，香味成分則有健胃、解毒等作用。

懷孕中、哺乳中請適量使用。

梅原老師的建議

生薑的辛辣成分薑酮、薑烯酚有非常強的殺菌力，還有增進食慾作用以及健胃作用。與壽司一起食用的生薑除了可以增進食慾之外，同時也能夠對於魚毒產生殺菌的作用。而且還能溫暖身體，使身體發汗，進而改善體寒或感冒症狀。是對於食慾不振或是體寒的動物來說非常建議的食材。生薑所榨成的汁能做為有效抑止噁心的藥材。但由於作用能力較強，使用時請多加注意。

| 體質 | 氣虛 | 血虛 | 血瘀 | 氣鬱 | 陰虛 | 陽虛 | 痰濕 | 濕熱 | 季節 | 春（葉）、秋（種子） |

| 五味 | 辛 | 五性 | 溫 | 歸經 | 肺、脾 |

中醫學之功效　解表、透疹、消食、降氣、清熱、利水

可對應的症狀 ▶　食慾不振、消化不良、腹部脹氣感、風寒邪引起之感冒、排尿不順

香菜【芫荽】

● 營養特性
生的菜葉中含有豐富的維生素 B_1、B_2、E、β-胡蘿蔔素，維生素C含量也比較多。

梅原老師的建議

在中國是做為治療麻疹有名的食材。使患者發汗以促進發疹，達到加速治癒的功效。除此之外，獨特的香味成分有改善食慾不振以及消化不良的作用，同時也扮演去除魚及肉類毒素的角色。對於腸胃功能較差或身體虛弱的動物，建議每天少量給予食用。

| 體質 | 氣虛 | 血虛 | 血瘀 | 氣鬱 | 陰虛 | 陽虛 | 痰濕 | 濕熱 | 季節 | 依栽培法各有差異 |

| 五味 | 甘 | 五性 | 微涼 | 歸經 | 肝、脾、胃 |

中醫學之功效　　　祛風、止咳、活血化瘀、解毒

可對應的症狀 ▶　　血循不良、食慾不振、食物中毒、止咳、夜啼

三葉菜
（山芹菜）

◉ 營養特性
β-胡蘿蔔素、鉀含量較多。附根三葉菜含有較多鈣及維生素C。

| 體質 | 氣虛 | 血虛 | 血瘀 | 氣鬱 | 陰虛 | 陽虛 | 痰濕 | 濕熱 | 季節 | 夏 |

| 五味 | 辛 | 五性 | 溫 | 歸經 | 肺、脾、胃 |

中醫學之功效　　　解表、散寒、行氣、和胃、解毒

可對應的症狀 ▶　　風寒邪引起的感冒、氣鬱引起之食慾不振、嘔吐、魚貝類、海鮮類引起之食物中毒、喉嚨不快感

紫蘇

◉ 營養特性
β-胡蘿蔔素、維生素C含量豐富，維生素B群、鐵、鋅、銅也較多。香味成分中有防腐、殺菌等作用。

藥材、香草、香辛料

| 體質 | 氣虛 | 血虛 | 血瘀 | 氣鬱 | 陰虛 | 陽虛 | 痰濕 | 濕熱 | 季節 | 春 |

五味　　　　　辛　　　五性　　　　　溫　　　歸經　　　　　肝、脾、肺

中醫學之功效　　　活血化瘀、消食、降氣、補血

可對應的症狀 ▶　　胃積食、血循不良、貧血、食慾不振、膀胱炎、腎結石

巴西里
（荷蘭芹）

● 營養特性
鈣、鐵、β-胡蘿蔔素、維生素C含量豐富。食物纖維，特別是非水溶性食物纖維比起同量的牛蒡更多。香味成分中有發汗、保濕等作用。

| 體質 | 氣虛 | 血虛 | 血瘀 | 氣鬱 | 陰虛 | 陽虛 | 痰濕 | 濕熱 | 季節 | 夏、秋 |

五味　　　　　辛、甘　　五性　　　　　溫　　　歸經　　　　　肺、脾、胃、大腸

中醫學之功效　　　滋補、驅風、祛痰

可對應的症狀 ▶　　胃痛、消化不良、腹部飽脹感、頭痛、氣血不順

羅勒

● 營養特性
β-胡蘿蔔素、維生素C含量豐富。鈣、銅也比較多，也含有維生素E。香味成分中含有鎮靜作用，同時也有滋養強健的作用。

| 體質 | 氣虛 | 血虛 | **血瘀** | **氣鬱** | 陰虛 | 陽虛 | 痰濕 | 濕熱 |

五味	辛、苦	五性	溫
歸經	肝、脾	季節	冬

中醫學之功效　　破血行氣、通經止痛、袪風勝濕

可對應的症狀 ▶　氣鬱血瘀引起之側腹脹痛感、腹痛、風邪引起之肩膀到前肢疼痛

藥材分類

活血化瘀藥

薑黃
（鬱金）

藥材、香草、香辛料

梅原老師的建議
可分為在春天開花的薑黃與秋天開花的鬱金。鬱金因含有較多的薑黃素，被認為能夠強化肝功能以及有抗氧化、抗發炎作用。在中醫學裡，經常使用在因關節痛、血瘀所引起的肌肉疼痛、瘀血上，也被有效地使用在胃或肝的不適、腹痛、胸痛上。而且自古以來也被認為有消除硬塊的效果，這與薑黃素的效能是相同的。

備註　鬱金有些會含有較多的鐵質，因此有報告指出人類攝取過量或長期使用會造成肝功能障礙。使用在動物身上時也應特別注意。

體質	氣虛 血虛 血瘀 **氣鬱** 陰虛 陽虛 痰濕 濕熱
五味	辛
五性	涼
歸經	肺、肝
季節	秋

中醫學之功效：疏散風熱、清頭目、利咽喉、透疹止癢、疏肝解鬱

可對應的症狀 ▶ 發燒喉嚨痛之感冒症狀、咽頭炎、風熱邪引起之頭痛、眼睛充血、氣鬱引起之側腹脹

薄荷

藥材分類
辛涼解表藥

梅原老師的建議：薄荷為唇形科薄荷屬的植物，有許多不同的品種，但效用幾乎相同。主要使用葉片部份。有鎮痛、鎮靜、解熱作用，因此對於感冒或者頭痛、鼻塞有不錯的功效。還有對於消化不良或是胃痛也有效果。如果長時間加熱成分會揮發，應特別注意。

備註：薄荷的地上部。薄荷被認為會減弱順勢療法的效果，應避免並用。

體質	氣虛 血虛 **血瘀** 氣鬱 陰虛 陽虛 痰濕 濕熱
五味	辛、甘
五性	大熱
歸經	肝、腎、心、脾、胃
季節	夏、秋

中醫學之功效　溫中補陽、散寒止痛、溫通經脈

可對應的症狀 ▶　腎陽虛之體寒、虛寒之胃痛、腹痛、慢性發炎

藥材分類
散寒藥
（溫裏藥）

桂皮
【肉桂】

梅原老師的建議
也被稱為月桂或是肉桂等。能夠溫暖身體，也有幫助補氣、補血的作用，因此對於體寒、浮腫、下痢、氣喘、食慾減退、胃痛等都能發揮效果。另外對於感冒初期或者是暈眩、頭痛、無精打采等狀況，此香辛料都有良效。

備註　桂皮是將肉桂或川桂樹皮剝下後乾燥而成。在日本桂皮（肉桂）與桂枝的區別並不明確，也有些萃取精華劑會將桂皮當作桂枝使用。由於桂枝的功效較強，應注意不得過量使用。陰虛陽盛、出血、熱証、懷孕中應避免。長時間加熱將使有效成分揮發。

藥材、香草、香辛料

體質	氣虛	血虛	血瘀	氣鬱	陰虛	陽虛	痰濕	凝熱

五味	辛	五性	溫
歸經	肺、胃、脾、腎	季節	秋、冬

中醫學之功效　溫中降逆、下氣止痛、溫腎助陽

可對應的症狀 ▶ 胃寒導致的厭食、食慾不振、嘔吐、下痢、腎陽虛之體寒、白帶

丁香

藥材分類
散寒藥

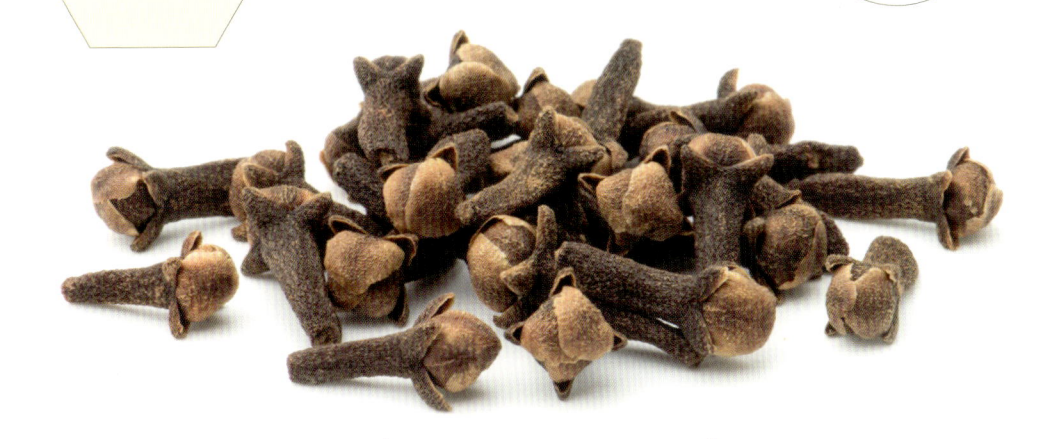

梅原老師的建議

為桃金孃科的丁香樹花蕾所乾燥製成。透過溫暖身體的作用，能夠改善胃痛、腹痛、噁心、食慾不振等症狀。由於與薑黃的藥性不合因此不會同時使用。如果長時間加熱會使其中有效成分的丁香油酚揮發，必須多加注意。由於刺激性與香味較強的關係，在給予時請隨時留意。

備註　陰虛、熱証者禁用。

體質	氣虛	血虛	血瘀	**氣鬱**	陰虛	**陽虛**	痰濕	濕熱

五味	辛	五性	溫
歸經	肝、腎、脾、胃	季節	秋

中醫學之功效　散寒止痛、理氣和胃

可對應的症狀 ▶　寒邪引起之四肢冰冷、腹痛、胃寒腹痛、嘔吐、食慾不振

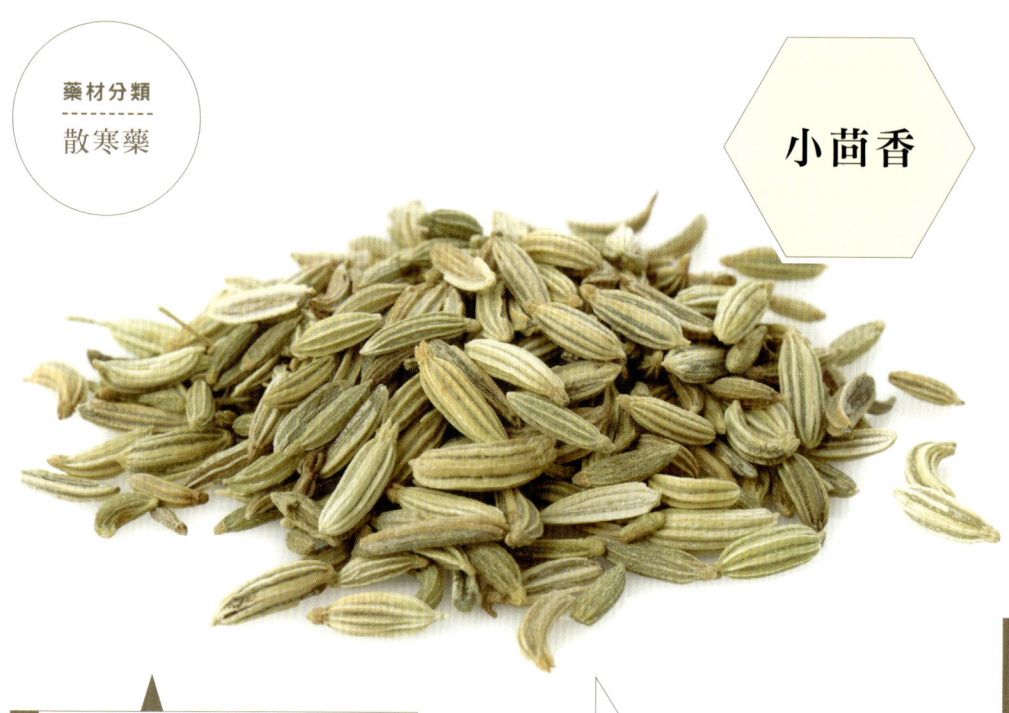

藥材分類
散寒藥

小茴香

梅原老師的建議　一般被稱之為茴香或小茴香。為繖形科植物，使用其乾燥後的種子或者是葉、莖。溫暖身體的作用較強，因此可以緩解關節、肌肉、腰、腹部的冷寒等。另外對於嘔吐、食慾不振、下痢也有效。加熱之後會使其中稱之為茴香腦的藥效成分揮發，請多加注意。

備註　亦可作為香辛料。熱証・陰虛火旺者禁用。

藥材、香草、香辛料

| 體質 | 氣虛 | 血虛 | **血瘀** | 氣鬱 | 陰虛 | 陽虛 | 痰濕 | 濕熱 |

五味	辛	五性	溫
歸經	心、肝	季節	夏

中醫學之功效　活血通經、祛瘀止痛

可對應的症狀 ▶　血瘀引起之腹痛、跌打損傷引起之出血、疼痛、身體冷寒、頭痛

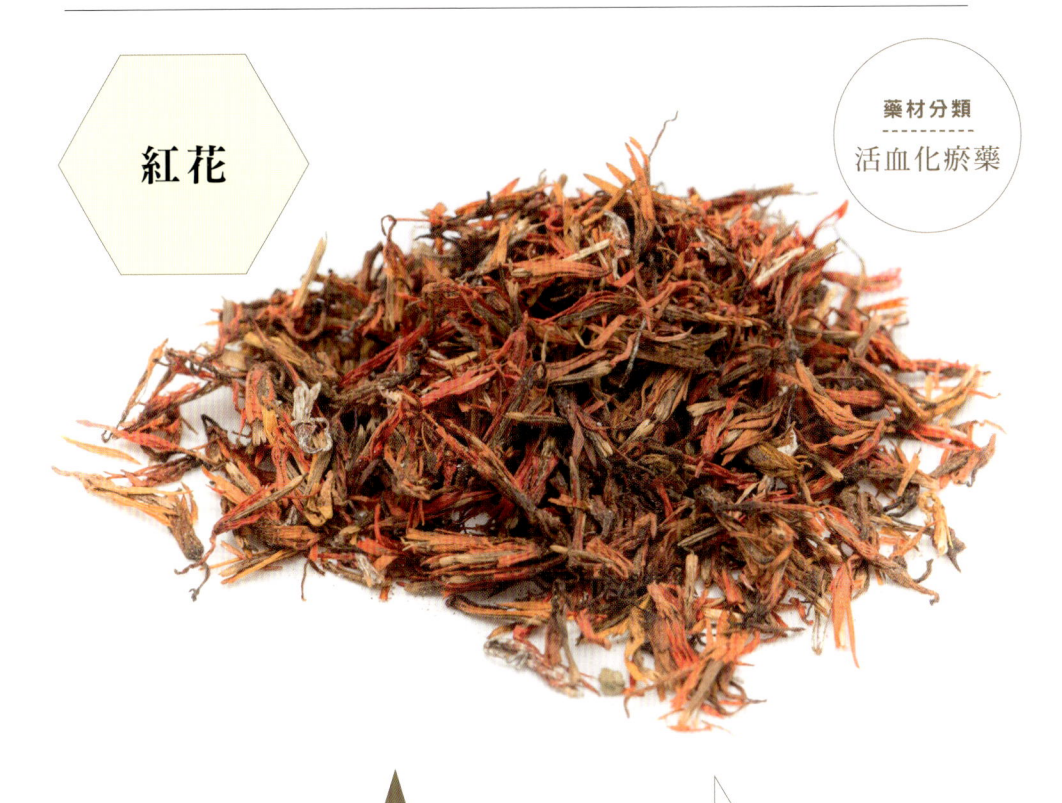

紅花

藥材分類
活血化瘀藥

梅原老師的建議
使用在泡茶或是炒煮。由於可以改善血液循環，對於因血液循環障礙而引起的冷寒或瘀痛、生殖系統的疼痛能發揮功效。懷孕時禁止使用。在日本自古以來都作為染料植物使用。

備註
將紅花的花乾燥後製成。懷孕中或是有出血傾向的狀況下禁止使用。大量使用有破血作用，少量使用則有養血作用。

體質	氣虛 血虛 血瘀 **氣鬱** 陰虛 陽虛 痰濕 **濕熱**
五味	甘、微苦
五性	微寒
歸經	肺、肝
季節	秋
中醫學之功效	疏散風熱、明目、清熱
可對應的症狀 ▶	風熱邪引起之發燒、頭痛、咳嗽、眼睛充血、肝陽上亢引起之暈眩

藥材分類
辛涼解表藥

菊花

梅原老師的建議
有能夠疏散體熱的性質。一般民間經常使用在感冒、頭痛、止咳、瘀血、眼病上。從中醫學的性質上來看，能夠改善血的循行以調整身體狀況。也有舒緩神經緊張及降血壓的效果。但對於下痢、身體冷寒的動物應多加注意。

備註 越新鮮的菊花在品質上越優良。（花色鮮明且富含香氣，味道也甘甜者謂之新鮮）。

藥材、香草、香辛料

| 體質 | 氣虛 | 血虛 | 血瘀 | **氣鬱** | 陰虛 | 陽虛 | **痰濕** | 濕熱 |

五味	辛、苦	五性	溫
歸經	脾、肺	季節	秋、冬

中醫學之功效　理氣健脾、燥濕化痰

可對應的症狀 ▶ 氣鬱引起之腹部膨脹感或是打嗝跟嘔吐、濕邪引起之食慾不振或是消化不良及疲累感、咳嗽、痰

陳皮

藥材分類
理氣藥

梅原老師的建議

陳皮為柑橘皮經過一年以上曝曬後製成，有健胃作用，能調整腸胃的狀態，有效改善消化不良、噁心、胃酸過多，也被使用在腸胃藥。對於鎮咳作用也很不錯，能夠抑制咳嗽或痰，感冒也有效果。在改善血液循環上也有預期的功效，透過讓血更順暢地循環到全身使身體溫暖，因此能同時改善冷寒症狀。此外，因為也含有能抗氧化的維生素C，對於增強免疫力、預防感冒也有效果。

備註　將溫州蜜柑（日本）、大紅蜜柑（中國）等之成熟果皮乾燥後製成。保存越久的果皮藥效越高，因此稱之為「陳皮」。津虛、濕熱者需注意使用。

體質			氣虛	血虛	**血瘀**	氣鬱	陰虛	陽虛	痰濕	濕熱

五味	酸、甘	五性	微溫
歸經	脾、胃、肝	季節	秋

中醫學之功效　消積、化瘀、理氣、活血、消食、開胃、止渴、潤肺

可對應的症狀 ▶　吃過多肉、脂質引起之消化不良、腹痛、產後恢復、慢性下痢、血瘀引起之症狀、高血壓

藥材分類
消食藥

山楂子

梅原老師的建議
含有較多食物纖維、多酚類與維生素、礦物質的果實。雖然在日本也有，但大多作為藥材使用，在中國則經常被利用在一般的食材上。有抗氧化作用、控制膽固醇、消除疲勞等效果。在中醫學的性質上來看，食用過多肉類所造成的消化不良、腹部脹氣、噁心、慢性下痢上也有良好的效果。因為有降低血壓的功能，高血壓或是高血脂症、心臟病、慢性肝炎也能夠使用。

備註　一般在市面上所流通的「山楂子」，幾乎都是在打成泥狀的果實中加入砂糖，最後再乾燥的加工食品（棒狀的成品較多）。可當作乾燥果乾食用。

藥材、香草、香辛料

體質	氣虛	**血虛**	血瘀	氣鬱	**陰虛**	陽虛	痰濕	濕熱

五味	甘	五性	平
歸經	肝、腎、肺	季節	秋

中醫學之功效　滋補肝腎、明目、潤肺

可對應的症狀 ▶ 肝腎陰虛引起之腰膝無力、走路不穩、暈眩、視力減退、多淚、肺腎陰虛引起之慢性咳嗽

枸杞子

藥材分類

滋陰藥

梅原老師的建議　在日本也可以購買到乾燥的枸杞子。對於肝、腎、肺能產生作用，在視力減退、延緩老化、慢性咳嗽上有所幫助。此外，對於腰膝的虛弱問題以及走路不穩搖晃也有效，是非常建議使用在滋補強健、消除疲勞上的食材。

備註　枸杞的根皮在中藥材上稱之為「地骨皮：清退虛熱藥」。因脾虛引起之泥狀便時禁用。

體質	氣虛	血虛	血瘀	氣鬱	陰虛	陽虛	痰濕	濕熱

五味	甘	五性	溫
歸經	脾、胃、心	季節	秋

中醫學之功效　補中益氣、補脾和胃、養血安神

可對應的症狀 ▶　疲勞、食慾不振、精神不安、咳嗽、關節炎或腰痛

藥材分類

補氣藥

紅棗

梅原老師的建議
為能夠補血、補氣的藥膳代表性食材。在日本也可以買到乾燥的紅棗。除了食材之外也做為中藥藥材使用，在補氣方面能滋補強健、提升免疫力、消除疲勞、延緩老化、改善食慾不振、改善冷寒等。在養血方面，對於貧血及暈眩症狀的改善、安定精神可發揮效果。泡茶飲用則能鎮咳、安眠，簡單又方便。

備註　乾燥的紅棗容易受潮，也很容易引來蟲蝕，因此應盡量密封保存。健脾、補氣能力強，因此被稱為「脾之果」。因甘味容易使腹部有膨脹感，有濕疹症狀者禁用。日文名稱的由來有各種不同的說法，較常見的說法是因為夏天時會長出新芽，而被稱之為「夏芽（Natsume）」。

藥材、香草、香辛料

| 體質 | 氣虛 | 血虛 | 血瘀 | **氣鬱** | 陰虛 | **陽虛** | 痰濕 | 濕熱 | 季節 | 秋 |

| 五味 | 辛 | 五性 | 溫 | 歸經 | 肝、腎、脾、胃 |

中醫學之功效　　　溫陽、散寒、理氣、止痛

可對應的症狀 ▶　　身體冷寒、食慾不振、嘔吐、胃寒引起之胃痛、腰痛、氣鬱引起之各種症狀

八角
（大茴香）

藥材分類
溫裏藥

梅原老師的建議

亦被稱之為星星茴香的香辛料。因為果實的形狀為八個角的星形而被稱之為八角。將五味子科八角的成熟果實乾燥後製成，雖然與小茴香相似但藥效較為溫和。與在日本自然生長的八角相似度極高，但為完全不同之品種，且具有毒性。

| 體質 | 氣虛 | 血虛 | **血瘀** | **氣鬱** | 陰虛 | 陽虛 | 痰濕 | 濕熱 | 季節 | 春 |

| 五味 | 甘、微苦 | 五性 | 溫 | 歸經 | 肝、脾 |

中醫學之功效　　　行氣活血、疏肝止痛

可對應的症狀 ▶　　肝胃不和的胃痛、側腹脹痛感、打嗝、食慾不振、瘀青、扭傷

玫瑰花

藥材分類
行氣藥

梅原老師的建議

將中國原產之薔薇科的玫瑰花蕾乾燥所製成。有能夠改善胃的功能，因此在食慾不振、胃脹氣時，泡茶飲用可達到緩解效果。含有豐富的維生素C、B$_2$、胡蘿蔔素、丹寧。

| 體質 | 氣虛 血虛 血瘀 氣鬱 陰虛 陽虛 痰濕 **濕熱** | 季節 | 秋 |

| 五味 | 苦 | 五性 | 寒 | 歸經 | 心、肺、肝、胃、三焦 |

| 中醫學之功效 | 清熱瀉火、除煩、清熱利濕、清熱涼血、止血、清熱解毒 |
| 可對應的症狀 ▶ | 外邪引起之熱病、失眠、濕熱邪引起之黃疸、血熱引起之鼻血、血便、血尿、眼睛充血 |

山梔子花

梅原老師的建議

使用變成黃色的成熟果實並將其乾燥。經常使用在栗金團（Kurikinton，日本甜點）以及日本漬蘿蔔、屠蘇酒中做為天然色素。如果以清熱為目的可直接使用，若是因為上火而引起之流鼻血請加以炒過之後再給予。軟便、下痢者請注意不得使用。

藥材分類
清熱瀉火藥

| 體質 | 氣虛 血虛 血瘀 氣鬱 陰虛 **陽虛** **痰濕** 濕熱 | 季節 | 春（食用） |

| 五味 | 苦、辛 | 五性 | 溫 | 歸經 | 肝、脾、腎 |

| 中醫學之功效 | 補血、健胃、溫經、散寒、化濕 |
| 可對應的症狀 ▶ | 身體冷寒、疲勞、各種出血 |

艾草

梅原老師的建議

在日本是以做為草餅的原料而著名。含有豐富的維生素能夠改善便祕以及有瘦身的效果，此外也有吸附有害物質並將其排出體外的功能。葉綠素含量豐富有助於紅血球的生成以促進造血作用，對於貧血也有效果。另外也是對於血液中膽固醇、脂質正常化很有效的食材。溫暖身體的作用強，對於冷寒所造成的疼痛或是出血、血便也有效果，在中藥材中也被作為止血藥使用。請先泡水將苦澀味去除後再使用。

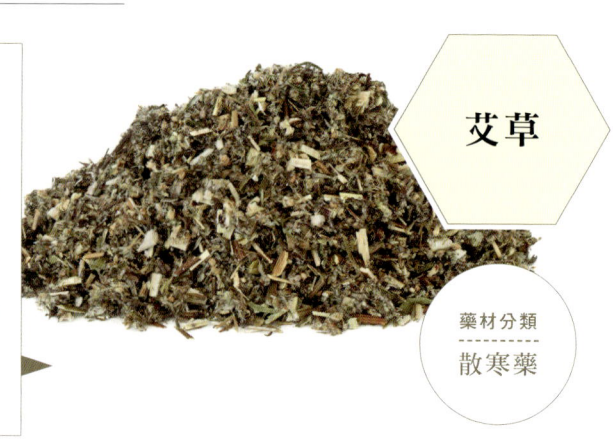

藥材分類
散寒藥

藥材、香草、香辛料

| 體質 | 氣虛 血虛 血瘀 ~~痰鬱~~ ~~陰虛~~ 陽虛 ~~痰濕~~ ~~濕熱~~ | 季節 | 秋 |

五味　　　甘、微苦　　　　五性　　　　微溫　　　歸經　　　　　肺、脾

中醫學之功效　　　補氣固脫、補脾氣、益肺氣、生津止渴、安神益智

可對應的症狀 ▶　長期疾病、疲勞、脾氣虛引起之疲勞、食慾不振、下痢、肺氣虛引起之呼吸困難、咳嗽、呼吸不順、口乾、氣血不足引起之失眠

高麗人蔘

藥材分類

補氣藥

梅原老師的建議

為高麗蔘的根莖，與食用的蘿蔔（日文中蘿蔔發音同人蔘）不相同。對於促進新陳代謝、安定精神、加速副腎皮質賀爾蒙分泌、中醫學中的補氣、安神都有良好的效果，在消除疲勞、延緩老化上也有功效。對於食慾不振、慢性下痢、便祕也有效果，針對腸胃虛弱的動物也能發揮其作用。因為也可以改善血液循環，對於低血壓、身體冷寒症也有效果。但是使用在有高血壓、上火的狀況時，有可能會造成流鼻血或頭痛的症狀，請特別留意。

| 體質 | ~~氣虛~~ 血虛 血瘀 ~~痰鬱~~ ~~陰虛~~ ~~陽虛~~ ~~痰濕~~ ~~濕熱~~ | 季節 | 秋、冬 |

五味　　　甘、辛、苦　　　　五性　　　　溫　　　歸經　　　　　心、肝、脾

中醫學之功效　　　補血調經、活血行氣、止痛、潤腸通便

可對應的症狀 ▶　貧血、心肝血虛引起之暈眩、心悸、血瘀引起之疼痛、乾燥性便祕

當歸

藥材分類

養血藥

梅原老師的建議

為繖形科植物，與西洋芹有相似的香味，在日本國內的和歌山縣等地進行栽培。使用其乾燥後的根部製作成藥材，能夠作用於血管的擴張、使血液流動順暢，或是抑制發炎及疼痛、抗菌作用等許多效能。也被使用在改善疲勞或是冷寒症、腰或肩部的疼痛、手腳麻痺、血的不足或停滯、改善便祕等。當歸葉中含有豐富的維生素類、鈣、鉀等營養素。

狗狗不能食用的食材

有些食材雖然人類可以安心食用，但有些在犬隻食用之後，可能會有中毒等危害健康的風險。並且，也有在給食的方法上需要注意的食材。在此章節中將介紹「禁止給食的食材」與「給食方法上必須注意的食材」。

禁止餵食的食材

● 蔥類（洋蔥、長蔥、韭菜）：會破壞紅血球、引起貧血、血尿、下痢、嘔吐、發燒。

● 葡萄、葡萄乾：會引起中毒症狀或是腎衰竭。

● 木糖醇（使用於人類食用之口香糖或是甜點中）：造成低血糖、肝衰竭、嘔吐等症狀。

● 巧克力、可可亞：含有中毒性物質（可可鹼）。

● 動物骨頭、硬骨魚骨：可能有刺傷犬隻內臟之危險。生的雞骨也會因個體不同而造成危險，請特別注意。若是以壓力鍋等將骨頭調理至較軟質的狀態，可以給予食用。雖然如此，但請勿過量給食。

● 酒精類：會引起下痢、嘔吐、意識障礙症狀，對於肝臟等內臟的負擔也相對提升。如非餵食不可，請務必先將酒精成分蒸發。

● 香辛料：刺激性較強的香辛料會引起腸胃障礙，

158

對於肝臟及腎臟也會造成較大的負擔。請先確認是否能夠給食，而且請注意不得過量。

● **生豆、夏威夷豆**：在生豆或是夏威夷豆中含有中毒性物質。豆類、乾果類對於犬隻而言不易消化，因此在餵食時必須要多加處理。

在餵食方法上需注意的食材

● **酪梨**：未加熱或是不同的品種會含有中毒性物質「persin」（心血管毒素）。

● **牛奶**：會因為乳糖不耐症而引起下痢。另外也有許多個案不是因為乳糖而是酪蛋白（蛋白質）過敏所造成。

● **魷魚、章魚**：對狗狗來說較不容易消化，也有阻塞喉嚨的危險性。

● **蝦、蟹**：應完全煮熟，在餵食方法上必須注意。

● **肝臟**：維生素A會累積在體內，因此必須注意不得過度攝取。如果每天都要餵食肝臟的話，請少量使用。

● **鮭魚**：雖然在作為提供維生素D來源上是非常好的食材，但也因為維生素D會累積在體內，必須注意不得過度攝取。

● **生魚**：生魚肉中含有分解硫胺酸（維生素B_1）的酵素，長時間持續給予食用將會造成硫胺酸缺乏症（加熱之後此酵素的活性便會消失）。

● **生蛋白**：因為含有阻礙生物素（維生素B_7、H）吸收的抗生物素蛋白，應避免長時間持續餵食。

● **生肉**：有可能因為容易引起細菌汙染，而出現嚴重的下痢等症狀。如果不習慣食用生食的狀況下需要注意。特別是豬肉有寄生蟲的問題，應加熱過後再餵食。

※ 在食材清單裡，必須注意的食材也同時揭載於其中。若要給予食用時請一定要先確認老師們的建議（注意事項）。

手作藥膳鮮食的入門方式、調理法

藥膳有兩種不同的目的，一是「每天持續食用以改善體質」以及「稍微有些不舒服亦或是在季節變換的時期，使用適合體況或季節的食材加以調整體內的平衡」。

不論是哪一種狀況，挑選適合體質的食材是不二法門，但除此之外，重要的是也必須同時考量營養均衡與必需熱量等條件，這相當重要。應先了解各個食材的營養特性，盡可能不要有營養過剩的狀況。

在此介紹讓飼主們可以容易入門的基本手作藥膳鮮食的調理方法。其實使用在一般的超市中所販賣的魚或肉類、當季的蔬菜等都可以做出美味的料理。

一開始可以不需要每天都製作藥膳鮮食，在季節變換的時期或是體況有些許不適的時候，試著挑戰一下如何呢？

● 平常都是食用飼料的狀況下，不需要突然轉換為全藥膳（手作鮮食），請先從在飼料上添加一些適合體質的食材開始，讓他們慢慢地適應。

● 任何狀況都應該考慮必要之熱量，請不要使其有營養過剩的狀況出現。

● 如果出現過敏症狀，請不要再使用會造成過敏的食材。經常觀察愛犬的糞便的狀態以及毛色光澤等，是非常重要的課題。

〈製作藥膳食譜的重點〉

① 了解個別的體質或是當時的體況。
② 考慮營養的均衡。
③ 先不需要想得太難，讓人與狗狗都能一起享用。

160

食譜的製作方法

① 選擇適合體質的食材

利用體質確認表確認愛犬當下的體質，接著挑選適合該體質的食材。

例如「氣虛」體質的情況下，代表著身體的「氣」處於不足的狀態。因此需要思考加入能夠補「氣」的食材，以取得體內的平衡。另外，溫暖身體的作用也很重要，建議應選用「溫性」的食材。

有補氣功效的食材可選用，如蕃薯、南瓜（溫性）、馬鈴薯、蘆筍、香菇、白米、雞肉（溫性）、牛肉、沙丁魚（溫性）、鰹魚等。

這個時候所選用的食材並不需要全部都適合體質，食材裡只要其中的三～四種左右的食材適合體質即可。其他部份建議可以選用當季或是能夠輔助體質改善的食材為佳。

藥膳的思考方式以「中庸」為主軸，也就是所謂的「適量」或者是「適可而止」的意思。就算是適合體質的食物，食用過度也可能會因而形成身體失衡的原因，應特別留意。

② 思考營養的均衡，決定食物量

依據體質選擇出食材之後，接著要思考的是適合愛犬的必要熱量、五大營養素（蛋白質、脂質、碳水化合物、維生素、礦物質）的平衡，再從這些食材裡決定主體的蛋白質來源以及其他食材的量。透過這樣的思考方式，就能夠挑選出適合體質的食材，進而讓狗狗攝取營養平衡的鮮食。

③ 決定調理的方法

水煮、炒、燉、蒸、烤、炸等不同調理方式都可能會使食材原本的性質發生改變，但先不要想像得太困難，基本上的做法就是加熱之後再給予食用。雖然如此，倘若想要將體內的熱排出時，如生蘿蔔泥、小黃瓜、蕃茄等某些食材也可以直接生食。

思考「雞肉蔬菜南瓜湯」或是「雞肉蛋南瓜沙拉」等，諸如此類的命名過程也是手作鮮食的樂趣之一。以上各項程序都細細地思考一遍，嘗試著挑戰一下吧！

各種體質之建議食譜

介紹使用了八種體質之對應食材所設計的專屬食譜。

※ 各種體質對應的食譜全部都是依據 5kg 成犬一日所需的分量。
※ 照片僅為擺盤之參考例。擺盤或是食材的切法
　請依照合適愛犬食用的方式及切法進行。

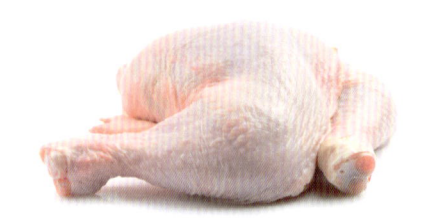

氣虛體質

雞肉雜煮粥（約 326Kcal）

[調理要點]

若想要補充不足的「氣」，必須要讓吃下去的食物充分地被消化吸收才能夠轉化成「氣」。因此，選擇使用能夠養「脾」「胃」等消化器官的食材。而氣虛的狀態下，最重要的是溫暖身體，所以挑選溫性的雞腿肉以及南瓜等食材。

[材 料]

- 雞腿肉（不含皮） ……………… 120g
- 南瓜 …………………………… 30g
- 紅蘿蔔 ………………………… 30g
- 香菇 …………………………… 30g
- 綠花椰菜 ……………………… 50g
- 白米飯（已煮熟） …………… 60g

[作 法]

① 將雞腿肉切成適合愛犬食用的大小。
② 南瓜、紅蘿蔔、香菇、綠花椰菜則切成小塊狀。
③ 加入 400ml 的水（不算在分量中）於鍋中後，放入②的蔬菜類一起加熱。沸騰之後轉為中火烹煮蔬菜。
④ 蔬菜類煮軟之後放入①的雞腿肉，將浮沫撈出，烹煮 3 分鐘左右。
⑤ 將白米飯放入④中，稍微沸騰時即可關火。
⑥ 放涼至跟自己的體溫相近的溫度時便可以盛盤，完成。

※ 在烹煮中如果水量不足時請自行斟酌加入。
※ 除了水之外，也可以使用昆布或是柴魚片等熬製的高湯做出更有層次的料理。於食慾較差的情況或許
　也能藉由香氣誘發食慾。

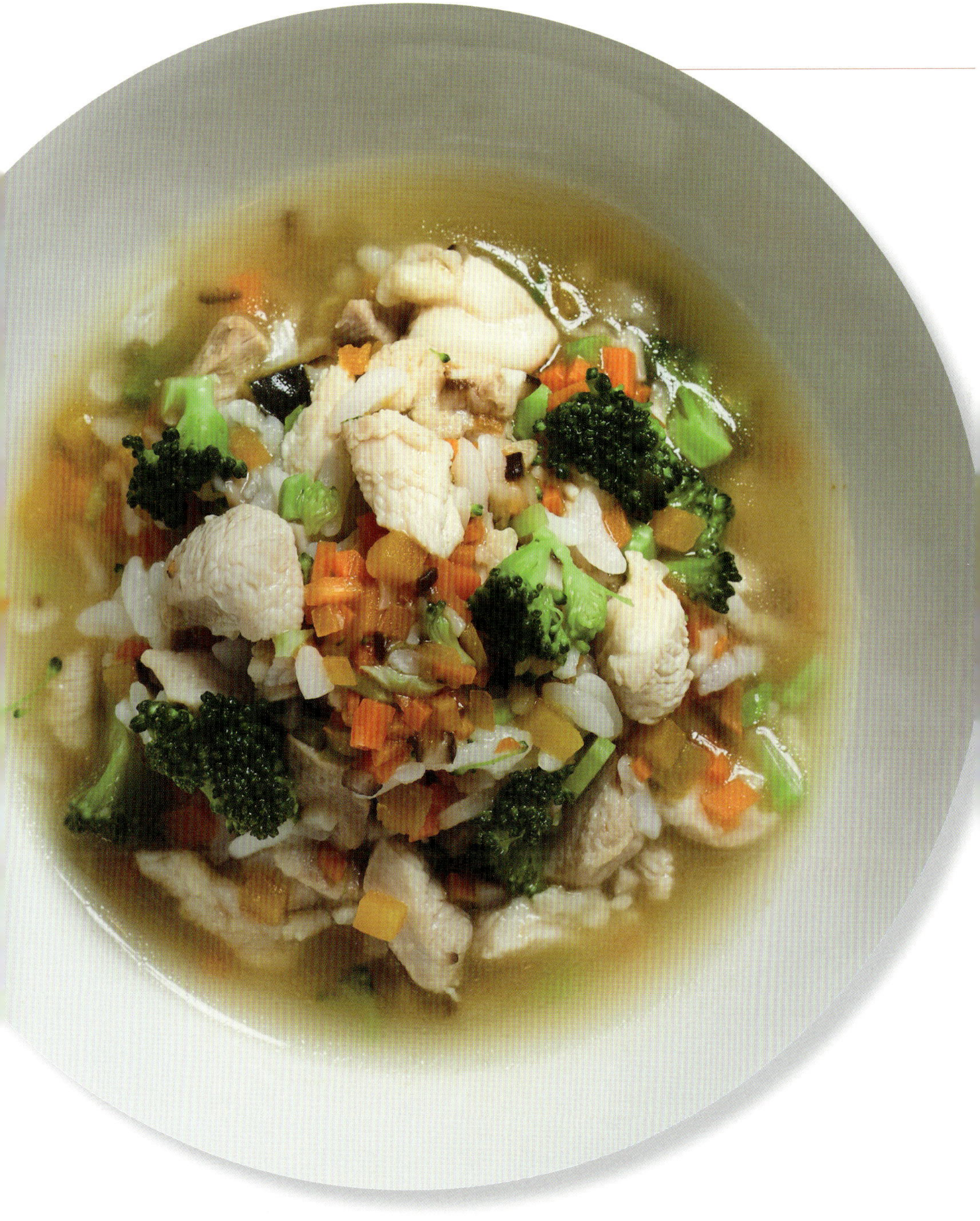

[氣 虛 體 質]

鮭魚地瓜湯

（約 263Kcal）

[調 理 要 點]

要從食物中轉化成「氣」，必須要先從養「脾」開始，因此選用甘味且有健脾作用的地瓜（蕃薯）。此外，為能讓「脾」的機能更加活化，也使用溫性且有補氣作用的鮭魚。氣虛的狀況下，請盡量避免使用寒涼性質較強的食材。

[材 料]

- 鮭魚 ……………………………… 110g
- 地瓜 ……………………………… 70g
- 蘆筍 ……………………………… 30g
- 紅蘿蔔 …………………………… 20g
- 香菇 ……………………………… 20g
- 紅棗 ……………………………… 1 個

[作 法]

① 將鮭魚骨及刺剔除，切成適合愛犬食用的大小備用。
② 地瓜與蘆筍切成小塊狀備用。
③ 紅蘿蔔與香菇則需切碎後備用。
④ 將紅棗去籽後切碎備用。
⑤ 於鍋中加入 300ml 的水與紅蘿蔔後加熱。
⑥ ⑤沸騰之後將地瓜、蘆筍、香菇、紅棗一起放入鍋中。
⑦ 地瓜煮軟之後便可以將鮭魚加入。
⑧ 鮭魚煮熟即可盛盤，完成。

[血 虛 體 質]

活力旺旺牛肉蓋飯

（約 335Kcal）

[調理要點]

在食材上以使用含有補血及活血作用的牛肉為主，再加上有健脾作用的紅蘿蔔。因紅蘿蔔中所含之豐富β-胡蘿蔔素為脂溶性維生素，透過與脂質一起使用便能夠有效活用β-胡蘿蔔素。在菇類之中鴻禧菇具有補血的功效，因此對於血虛體質是非常建議的食材。

[材料]

- 牛肉切片 ……………………………… 80g
- 紅蘿蔔 ………………………………… 10g
- 鴻禧菇 ………………………………… 20g
- 美生菜 ………………………………… 20g
- 鵪鶉蛋 ………………………………… 1個
- 橄欖油 ………………………………… 少許
- 白米飯（已煮熟）…………………… 60g

[作 法]

① 將牛肉切片切成適合愛犬食用的大小。
② 紅蘿蔔、鴻禧菇切細備用。
③ 美生菜切成適當大小。
④ 將鵪鶉蛋做成荷包蛋後備用。
⑤ 於加熱後的平底鍋（炒鍋）中加入橄欖油，再將①的牛肉切片稍加煎炒。
⑥ 牛肉的顏色開始變化時便可以加入紅蘿蔔、鴻禧菇一起煎炒，再加入 50ml 左右的水（不算在分量中）炒煮至蔬菜類變軟。
⑦ 將白米飯盛放於碗盤容器中，再搭配上生菜與⑥的牛肉，最後以荷包蛋與枸杞子作點綴，完成。

血 虛 體 質

豬肉羊棲菜
什錦飯（約 345Kcal）

[調 理 要 點]

以補血的食材為主，選用豬肉及羊棲菜、紅蘿蔔及毛豆。羊棲菜與紅蘿蔔也是適合滋養藏血的「肝」的食材。所使用的食材都含有豐富的維生素及礦物質，特別是毛豆中含有造血功效的葉酸。

[材 料]

- 豬里肌 ……………………………… 100g
- 羊棲菜 ……………………………… 10g
- 紅蘿蔔 ……………………………… 20g
- 毛豆 ………………………………… 20g
- 鴻禧菇 ……………………………… 20g
- 白菜 ………………………………… 30g
- 白米飯（已煮熟）………………… 50g
- 泡軟的枸杞子 ……………………… 適量

[作 法]

① 將豬里肌切成較小且方便愛犬食用的大小。
② 羊棲菜切成細碎狀（如果是乾燥的羊棲菜請先泡軟）。
③ 紅蘿蔔及已去除豆莢之毛豆、鴻禧菇、白菜切成細碎狀。
④ 加入 200ml 的水（不算在分量中），再將③的紅蘿蔔、毛豆、鴻禧菇、枸杞子放入後加熱。沸騰之後轉中火繼續將蔬菜煮軟。
⑤ 於④中加入①的豬里肌與②的羊棲菜後再烹煮 3 分鐘左右。如果有浮沫便將其撈出。
⑥ 將白米飯與白菜加入⑤後攪拌均勻即可關火。
⑦ 放涼至跟自己的體溫相近的溫度時便可以盛盤，完成。

※ 烹煮中如果水量不足時請自行斟酌加入。
※ 枸杞子可放入保存容器中，倒入可以覆蓋整體的水量泡軟之後，可置於冰箱中保存 2～3 天。

[血 瘀 體 質]

生薑竹筴魚炒飯

（約 340Kcal）

[調理要點]

血瘀被認為是許多疾病的成因。要讓血液順暢不阻塞建議需要攝取含有較多EPA以及DHA的魚類。這道料理選用的是竹筴魚，鮭魚或沙丁魚、秋刀魚等也可以做出同樣的美味料理。由於血瘀的狀態時，溫暖身體非常重要，因此選擇添加了少量的生薑與巴西里葉（荷蘭芹）。

[材料]

- 竹筴魚 ………………………………………… 120g
- 生薑 …………………………………………… 少許
- 青江菜 ………………………………………… 40g
- 義大利香芹或是巴西里 ……………… 少許
- 雞蛋 …………………………………………… 1個
- 白米飯（已煮熟） ………………………… 60g
- 泡軟的枸杞子 ………………………… 少許
- 芝麻油 ………………………………………… 少許

[作法]

① 先將竹筴魚刺去除之後，切成適合愛犬食用的大小。
② 青江菜則切成細碎狀。
③ 將生薑磨成泥狀備用。
④ 把蛋打散成蛋汁備用。
⑤ 先放入芝麻油於平板鍋中，將④的蛋汁倒入作成炒蛋後，盛盤備用。
⑥ 再加入一些芝麻油於鍋中，放入①的竹筴魚與②的青江菜、③的生薑一起拌炒後，加入少量水（不算在分量中）稍微蒸煮。
⑦ 等水分收乾之後加入白米飯以及⑤的炒蛋攪拌均勻，關火。
⑧ 放涼至跟自己的體溫相近的溫度時便可以盛盤，搭配巴西里與泡軟的枸杞子為裝飾，完成。

> 血 瘀 體 質

秋刀魚煎蛋

（約 368Kcal）

[調 理 要 點]
使用含有豐富EPA、DHA 以及活血作用的秋刀魚。還有能淨化血液的黑木耳以及有活血化瘀功效的三葉菜、溫性的青椒，這些對於血瘀體質都是非常推薦的食材。

[材 料]
- 秋刀魚 ……………………………… 70g
- 三葉菜 ……………………………… 10g
- 青椒 ………………………………… 20g
- 黑木耳 ……………………………… 20g
- 雞蛋 ………………………………… 1 個
- 芝麻油 ……………………………… 少許

[作 法]
① 先將黑木耳（乾燥）浸泡於水中，軟化後切成細碎狀備用。
② 秋刀魚須先將魚骨、魚刺先去除後，切成適合愛犬食用的大小。
③ 三葉菜與青椒則切細備用。
④ 於已加熱的平底鍋（炒鍋）中加入芝麻油，再以中火煎秋刀魚。將秋刀魚翻面的同時加入青椒與黑木耳一起加熱。
⑤ 於④中倒入已打好的蛋汁，煮熟後盛盤再撒上些三葉菜，完成。

[氣鬱體質]

雞肉香蔬義麵沙拉

（約 304Kcal）

[調理要點]

這一道義大利麵沙拉使用了能夠讓氣的循行更加順暢的西洋芹、巴西里葉及生薑。除了義大利麵之外，也可以用白飯作成炒飯等嘗試更換成不同的食材，也是一種樂趣。搭配有滋補強健功效的枸杞子，使整體的營養及配色更加完整。

[材 料]

- 雞腿肉（去皮） ……………………… 100g
- 巴西里葉 ……………………………… 10g
- 紅蘿蔔 ………………………………… 20g
- 西洋芹 ………………………………… 30g
- 生薑泥 ………………………………… 少許
- 義大利麵 ……………………………… 30g
- 泡軟的枸杞子 ………………………… 適量
- 亞麻仁油 ……………………………… 少許

[作 法]

① 雞肉先切成愛犬容易食用的大小後，水煮。肉湯留下備用。
② 巴西里葉及紅蘿蔔切成細碎狀，西洋芹也切成愛犬容易食用的大小。
③ 將義大利麵放入①的肉湯中煮軟，過程中再放入紅蘿蔔一起煮。
④ 義大利麵與紅蘿蔔煮軟之後，稍將水分瀝乾些再加上雞肉與西洋芹、生薑泥一起攪拌。
⑤ 盛盤後再配上西洋芹與枸杞子，最後淋上亞麻仁油，完成。

氣鬱體質

鮭魚香味飯

（約 306Kcal）

[調理要點]
要促進氣的循行，建議可以使用「香草類蔬菜」。這道料理中所使用的是紫蘇，若是其他香草類蔬菜也可以使用西洋芹或是巴西里、蘘荷（茗荷、日本薑）等。另外再加入含有讓氣的流動能夠更順暢的藥材「陳皮」一起燉煮，也是不錯的方法。

[材料]
- 鮭魚 ………………………………… 150g
- 茼蒿 ………………………………… 40g
- 紫蘇 ………………………………… 一片
- 紅蘿蔔 ……………………………… 20g
- 金針菇 ……………………………… 30g
- 白芝麻 ……………………………… 少許
- 白米飯（已煮熟）………………… 50g

[作法]
① 鮭魚如果有刺請先去除，再切成方便愛犬食用的大小。
② 茼蒿、紅蘿蔔、金針菇切成細碎狀。
③ 放入 200ml 左右的水（不算在分量中）至鍋中，與②的紅蘿蔔、金針菇一起加熱。沸騰之後轉為中火繼續將蔬菜煮軟。
④ 將①的鮭魚與②的茼蒿放入③的鍋中，煮 3 分鐘左右。鮭魚煮熟便可以關火加入白米飯攪拌均勻。
⑤ 將④放涼至跟自己的體溫相近的溫度時便可以盛盤，撒上切碎的紫蘇與白芝麻，完成。

※ 除了水之外，也可以使用昆布或是乾香菇等熬製的高湯做出更有層次的料理。

[陰虛體質]

豬肉山藥泥什錦燒

（約 347Kcal）

[調理要點]

在這道料理中選用了有滋陰效果的豬肉與山藥、紅蘿蔔。金針菇在菇類之中是屬於涼性且有補氣補血的功效。蓬鬆好口感的什錦燒（大阪燒）只要再搭配一些醬汁，毛爸媽也可以一起分享。

[材料]

- 豬肉 ……………………………………… 80g
- 山藥 ……………………………………… 50g
- 紅蘿蔔 …………………………………… 10g
- 金針菇 …………………………………… 10g
- 雞蛋 ……………………………………… 1個
- 低筋麵粉 ………………………………… 30g
- 青海苔粉 ………………………………… 少許
- 胡麻油 …………………………………… 少許

[作法]

① 將豬肉切成愛犬容易食用的大小
② 紅蘿蔔與金針菇切細切碎。
③ 將山藥泥放入攪拌碗中，再放入打好的蛋汁與低筋麵粉充分攪拌，接著放入紅蘿蔔與金針菇拌勻。
④ 平底鍋（炒鍋）加熱後放入胡麻油，再將③的材料倒入大約等同一般什錦燒的量後煎煮。
⑤ 表面開始變得較乾時，在上面鋪上豬肉，翻面繼續煎煮。
⑥ 豬肉煎熟便可以起鍋。
⑦ 盛盤，再撒上一些青海苔粉，完成。

[陰虛體質]

西班牙烘蛋佐蕃茄醬

（約 328Kcal）

[調理要點]

血虛如果持續發生便會引起陰虛。接下來就會連帶津液也隨之形成不足的狀態，因此選用有滋陰功效與補血功效的食材。在這道料理中使用了雞蛋、紅蘿蔔、蕃茄，其他的代用食材也可以選用鴨肉或是優格等。因為是陰不足造成體內的熱無法消散的狀態，建議盡量不要攝取溫暖身體的食材，應使用涼性或寒性的食材為佳。

[材 料]

- 雞蛋 ………………………………… 3 個
- 馬鈴薯 ……………………………… 40g
- 紅蘿蔔 ……………………………… 20g
- 綠花椰菜 …………………………… 30g
- 蕃茄碎粒罐頭 ……………………… 50g
- 泡軟的枸杞子 ……………………… 少許
- 橄欖油 ……………………………… 少許

[作 法]

① 馬鈴薯、紅蘿蔔、綠花椰菜切成愛犬適合食用的大小，煮軟。
② 將蛋打入攪拌碗中打成蛋汁，將①的蔬菜與泡軟的枸杞子加入後均勻攪拌。
③ 在加熱過的平底鍋（炒鍋）中加入橄欖油，放入②的蛋汁製作烘蛋。
④ 將③的烘蛋放涼至跟自己的體溫相近的溫度時便可以盛盤，再淋上蕃茄碎粒醬，完成。

[陽　虛　體　質]

雞肉蕪菁生薑風味煮

（約 294Kcal）

[調 理 要 點]

伴隨著年齡增加，氣也會漸漸產生不足的現象，這樣的狀態如果長期持續便會形成陽虛體質。特別是在高齡時期多攝取有補氣效果或者是溫性的食材是不錯的方式。雞肉、蕪菁、生薑為溫性，舞茸菇在菇類之中是屬於微溫的性質。

[材 料]

- 雞翅 ………………………………………… 120g
- 蕪菁（含菜葉）…………………………… 60g
- 舞茸菇 ……………………………………… 30g
- 生薑 ………………………………………… 薄切片1片
- 黑砂糖 ……………………………………… 少量
- 黑芝麻 ……………………………………… 少許
- 泡軟的枸杞子 ……………………………… 少許

[作 法]

① 將 200ml 的水與切碎的生薑一起放入鍋中加熱。
② 蕪菁與舞茸菇切成愛犬容易食用的大小。
③ 鍋中的水沸騰之後，將雞翅與蕪菁、舞茸菇加入，再度沸騰時加入黑砂糖並改為小火烹煮。
④ 雞翅煮熟時便可以熄火。
⑤ 盛盤後，撒上黑芝麻粉與枸杞子點綴一番，完成。

陽虛體質

雞肉丸南瓜湯

（約 295Kcal）

[調理要點]

氣虛如果持續進行時便會形成陽虛，有可能會因此而使體內的熱降低。這樣的狀態建議使用溫性或熱性的食材。這道料理中所使用的南瓜、蕪菁、紫蘇、生薑都是屬於溫性的食材。雞肉可以使用羊肉代替，或是在料理完成之後撒上些許的肉桂粉都是不錯的選擇。再者，腸胃功能也有低下的狀況，調理上應注意將食材切細並煮軟，將有助於消化。

[材料]
- 雞胸絞肉 ………………………………… 120g
- 南瓜 ……………………………………… 60g
- 蕪菁 ……………………………………… 50g
- 香菇 ……………………………………… 40g
- 紫蘇 ……………………………………… 少許
- 生薑泥 …………………………………… 少許

[作法]
① 將雞胸絞肉與生薑泥放入攪拌碗中充分攪拌。
② 把①作成適合愛犬食用大小的雞肉丸子。
③ 南瓜、蕪菁、香菇切成細碎狀。
④ 放入 400ml 左右的水（不算在分量中）於鍋裡，再把③的蔬菜一起放入加熱，燉煮至蔬菜變軟。
⑤ 把②的雞肉丸子放入④裡一起燉煮大約 3 分鐘，並將浮沫撈出。雞肉丸子煮熟即可關火。
⑥ 放涼至跟自己的體溫相近的溫度時便可以盛盤，撒上切成細絲的紫蘇，完成。

> 痰濕體質

雞肉沙拉

（約 255Kcal）

[調理要點]

為了要排除體內過剩的津液，因此選擇有利水作用以及化痰作用的小黃瓜、毛豆、西洋芹、小芋頭等食材。蔬菜類食材含有豐富的維生素以及礦物質，特別是維生素又分為水溶性及脂溶性兩種。為使脂溶性維生素也能發揮其功效，在料理完成之後再淋上些許的橄欖油。

[材料]

- 雞胸肉（去皮） …………………… 130g
- 小黃瓜 …………………………………… 40g
- 蕃茄 ……………………………………… 40g
- 毛豆 ……………………………………… 30g
- 西洋芹 …………………………………… 30g
- 小芋頭 …………………………………… 60g
- 橄欖油 …………………………………… 少許

[作 法]

① 將雞胸肉切成適合愛犬食用的大小（可稍大些），放入已經燒開的熱水中水煮，煮熟之後取出放涼，再細撕成肉絲狀。
② 小芋頭去皮之後切成適合食用的大小，利用①的雞肉湯將小芋頭煮軟。煮軟之後從鍋中取出，用叉子等器具搗碎後備用。
③ 毛豆水煮過後再將豆子取出，切碎備用。
④ 小黃瓜、蕃茄切成適合愛犬食用的大小。
⑤ 纖維質較多的西洋芹切成細碎狀。
⑥ 把①的雞肉、②的小芋頭、③的毛豆以及④的蔬菜一起放入攪拌碗中均勻攪拌。
⑦ 盛盤，再淋上些許的橄欖油，完成。

> 痰濕體質

南瓜紅豆湯
（點心）

（約 256Kcal）

[調 理 要 點]
使用的食材全部都適合痰濕體質。紅豆以及薏仁在燉煮上需要多花一些時間，因此可以一次煮多些少量分裝於夾鏈袋中冷凍，需要使用時隨時都可以立即派上用場。如果是易胖體質的話，於製作料理時請不要加入黑砂糖。

[材 料]
- 南瓜 ……………………………………… 80g
- 紅豆 ……………………………………… 50g
- 薏仁 ……………………………………… 30g
- 黑砂糖 …………………………………… 少量

[作 法]
① 先將紅豆及薏仁浸泡於水中大約 1 小時（浸泡一個晚上也可以）。
② 南瓜切成小丁塊狀。
③ 將紅豆及薏仁放入鍋中，加水並開火加熱，於沸騰之後轉為小火燉煮。
④ 紅豆及薏仁煮到大約八分熟時加入南瓜及黑砂糖，並繼續燉煮。
⑤ 南瓜變軟之後即可熄火。
⑥ 盛入容器後，完成。

※ 烹煮中如果水量不足時請自行斟酌加入。

> 濕 熱 體 質

草莓黃瓜寒天優格（點心）

（約 60Kcal）

[調理要點]

這道甜點選用了具有清熱效果的草莓及黃瓜。食用過量的水果會擔心果糖過高的問題，若與小黃瓜等蔬菜一起作成小點心的話，便可以降低糖質的攝取。

[材 料]

- 草莓 ……………………………… 40g
- 小黃瓜 …………………………… 40g
- 優格（無糖）…………………… 60g
- 薄荷葉 …………………………… 少許
- 水 ………………………………… 200ml
- 寒天粉 …………………………… 2g

[作 法]

① 將水與寒天粉放入鍋中加熱，並攪拌均勻。開始沸騰起泡時轉為中火再攪拌大約 1 分鐘左右，寒天粉充分溶解之後熄火。
② 草莓先將蒂切除，再切成適合愛犬食用的大小。
③ 小黃瓜切成小丁塊狀（愛犬容易食用、消化的大小）。
④ 草莓與黃瓜、優格一起放入攪拌碗中，充分攪拌。
⑤ 將④的材料加入稍微放涼的寒天溶液中，充分攪拌。
⑥ 將⑤倒入容器中冷卻使其凝固。
⑦ 取適量凝固後之寒天優格放入容器中，點綴上薄荷葉，完成。

> 濕 熱 體 質

白酒蛤蠣義大利麵

（約 326Kcal）

[調 理 要 點]

由於是體內的濕與熱過剩的體質狀態，因此選用了具有利濕功效、利水功效與清熱功效的蛤蠣、蘆筍、西洋芹。蕃茄含有豐富的蕃茄紅素能發揮抗氧化作用，而且加熱也不會消失，是很好應用的食材。

[材 料]

- 蛤蠣（含殼） ……………………………… 200g（可食的蛤蠣肉約 80g）
- 蕃茄 …………………………………………… 60g
- 蘆筍 …………………………………………… 30g
- 毛豆 …………………………………………… 30g
- 義大利麵 ……………………………………… 40g
- 橄欖油 ………………………………………… 少許

[作 法]

① 蛤蠣先吐沙後備用。
② 蕃茄切成容易食用的大小，蘆筍與西洋芹切細切碎。
③ 義大利麵下鍋煮軟（比包裝建議的時間再煮久些）。
④ 於已加熱的平底鍋（炒鍋）中加入橄欖油，再放入蛤蠣與三大茶匙左右的水（不算在分量中）後加蓋，以中火蒸煎。
⑤ 蛤蠣蒸熟開口之後，放入蕃茄與蘆筍、西洋芹稍加炒煮。
⑥ 將⑤的義大利麵加入後攪拌均勻，熄火。
⑦ 盛入容器中，完成。

※ 蛤蠣肉取下後請切細再提供給愛犬食用。

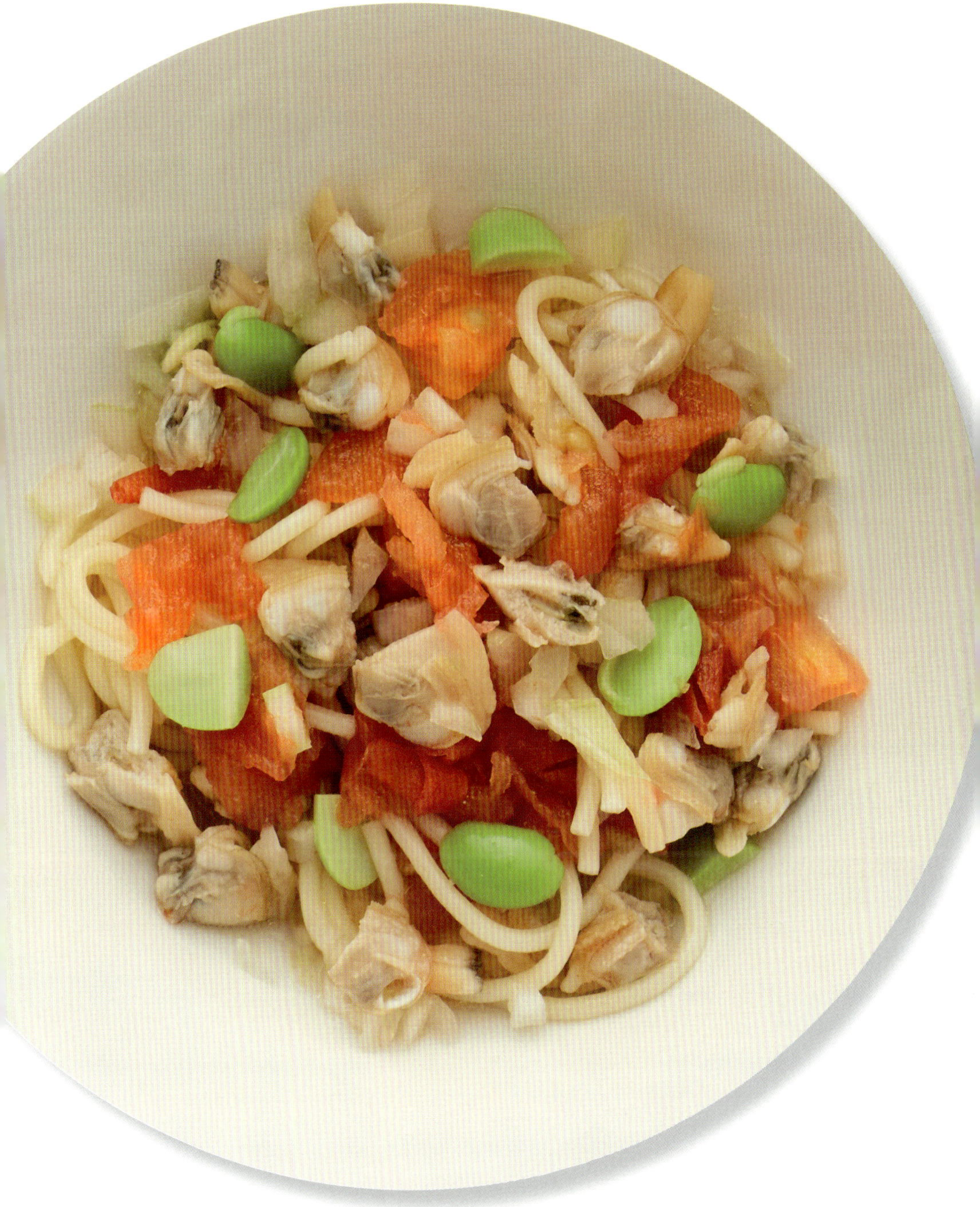

當 季 湯 品

季節與體質有著密不分的關係，季節的變化有時也會引起體況不良的情形。
在本章節裡，將一年分成五個季節（春、夏、長夏、秋、冬），
並介紹使用了各個季節適合的食材所調理出的湯品食譜。
湯品不單單只能使用在體況不良或是營養補給，對於水分補給來說也是一大重點。
可以試著添加在每天的飲食中，當做點心也是不錯的方式。
如果一次做了太多的量可以先冷凍保存，需要的時候就能夠立即解凍派上用場。
請多加活用此食譜，同時也請注意熱量或營養過剩的問題。

春

蛤蠣蘆筍湯（約 62Kcal）

[調理要點]
春天是蛤蠣與蘆筍盛產的季節。蛤蠣有滋潤五臟的效果以及改善焦躁等情緒不安的功能，蘆筍則有滋潤身體與活化脾功能的效果。

[材料]
- 蛤蠣 …………………………………… 120g
- 蘆筍 …………………………………… 60g
- 生薑泥 ………………………………… 少許
- 紫蘇 …………………………………… 少許
- 芝麻油 ………………………………… 少許
- 水 ……………………………………… 500ml

[作法]
① 先使蛤蠣吐沙備用。
② 將水與切細的蘆筍放入鍋中加熱。
③ 等蘆筍煮軟之後，將①的蛤蠣放入烹煮。
④ 蛤蠣完全打開便可轉為小火再烹煮 2～3 分鐘。
⑤ 將蛤蠣取出去殼，並將蛤肉切細後放回湯裡。
⑥ 加入生薑泥以及切碎的紫蘇，淋上幾滴芝麻油，完成。

※ 可以做為水分補給的湯品，也可以搭配飼料一起食用。
※ 把剩下的湯汁放入製冰盒等容器中冷凍，使用時僅取出需要的量即可。

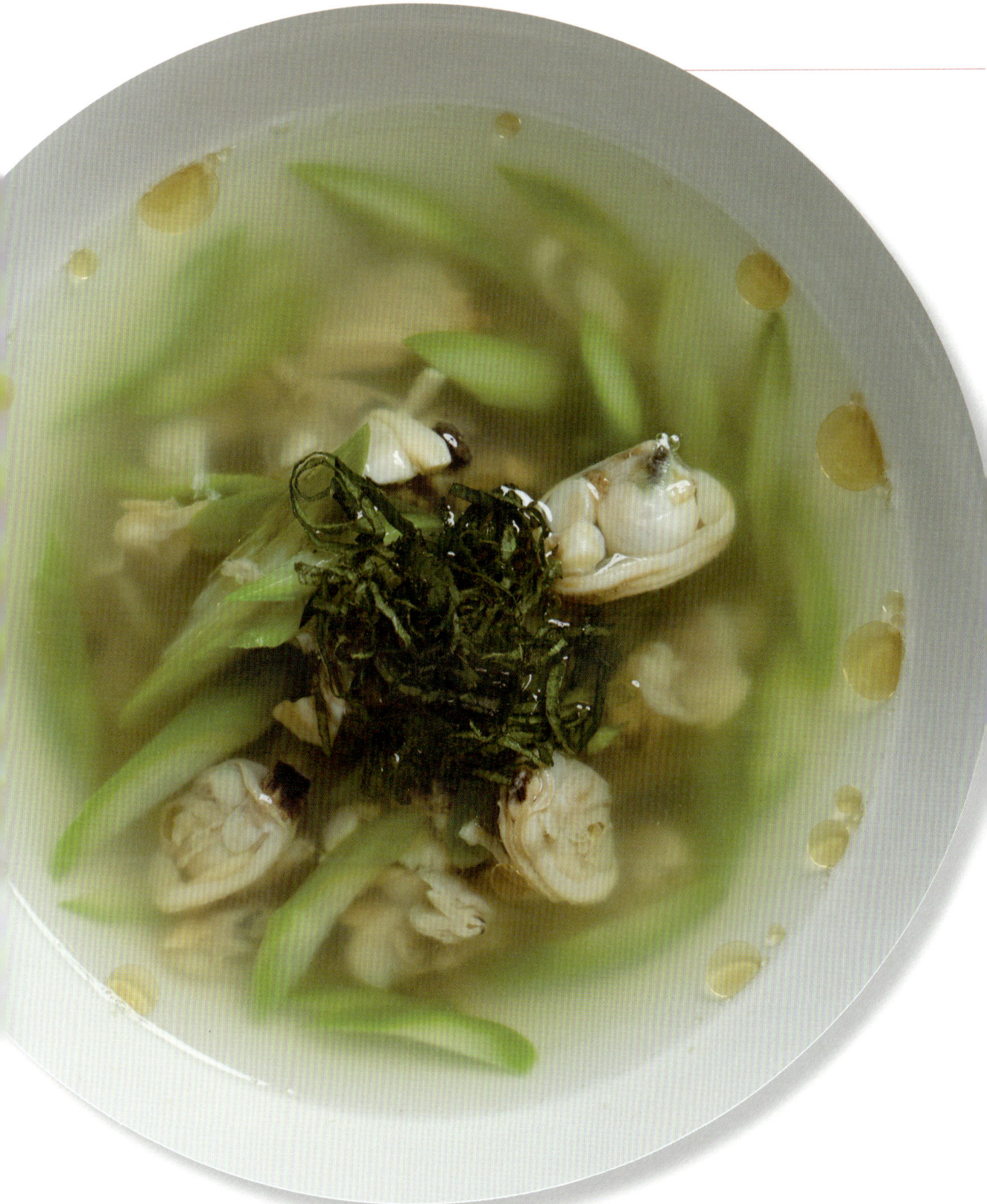

夏

蕃茄冬瓜蛋花湯

（約 115Kcal）

[調理要點]

炎熱的夏天水分補給雖然非常重要，如果喝過量的水也有可能會使體內過冷，或者是水分過剩而造成下痢。因此請多利用能夠適度補給水分也能補充營養的湯品。蕃茄與冬瓜都有讓堆積在體內的熱排出的效果，同時也有使津液生成的功能。

[材 料]

- 蕃茄 …………………………………… 50g
- 冬瓜 …………………………………… 80g
- 雞蛋 …………………………………… 1 個
- 泡軟的枸杞子 ………………………… 少許
- 義大利香芹或者巴西里 ……………… 少許
- 水 ……………………………………… 500ml

[作 法]

① 將冬瓜與蕃茄切成適合愛犬食用的大小。
② 將水與冬瓜放入鍋中煮軟。
③ 將蕃茄與枸杞子放入②中，開始沸騰時加入蛋汁，蛋煮熟即可盛盤。最後搭配巴西里葉，完成。

※ 可以搭配飼料一起食用，或者是直接喝也很好。
※ 加入寒天粉使其凝固冷藏，也可以做成清涼的零食。

[長 夏]

毛豆湯

（約 272Kcal）

[調 理 要 點]

梅雨季節是體內容易堆積津液的時期。應多攝取有利水效果的食材以促進津液的流動。在這道湯品中，使用了毛豆與紅豆。兩者都可以煮軟放涼之後放入夾鏈袋之類的保鮮袋中，稍加鋪平後冷凍，在需要時即可簡單方便地取出適量使用。

[材 料]

- 毛豆 ……………………………………… 100g
- 雞胸肉 …………………………………… 80g
- 紅豆 ……………………………………… 30g
- 義大利香芹或者巴西里 ………………… 少許
- 水 ………………………………………… 300ml

[作 法]

① 先將紅豆煮軟備用。
② 毛豆於水煮過後將豆子取出。
③ 雞胸肉切細後水煮。雞肉煮熟之後取出，湯汁先放涼備用。
④ ③的湯汁稍微降溫之後，與②的毛豆一起放入果汁機中打汁。
⑤ 盛盤，將紅豆、雞肉、巴西里葉點綴於湯品上，完成。

秋

秋鮭香菇濃湯

（約 255Kcal）

[調 理 要 點]

在早晚漸漸地開始變冷的秋季裡，為了不要讓身體過於冷寒，因此選用了溫性的鮭魚。香菇、蕃薯、青江菜也都是秋天當季的蔬菜。攝取當季的食材提升免疫力，為寒冷冬天的到來好好準備吧。

[材 料]

- 鮭魚 …………………………… 100g
- 香菇 …………………………… 30g
- 蕃薯 …………………………… 80g
- 青江菜 ………………………… 50g
- 芝麻油 ………………………… 少許
- 水 ……………………………… 500ml

[作 法]

① 鮭魚如果有刺的話請先去除後，切成愛犬適合食用的大小，於加熱過的平底鍋（炒鍋）放入芝麻油一起煎炒。
② 將水與切成適當大小的蕃薯、切細的香菇及青江菜放入鍋中一起加熱烹煮。
③ 蕃薯煮軟之後關火，稍微降溫再放入果汁機中打汁。
④ 將③盛盤，再把①的鮭魚置於湯品上，完成。

冬

鱈魚蕪菁湯

（約 145Kcal）

[調理要點]

在寒冷的冬天為了也要確實地補血補氣健康地生活，因此選擇使用有補氣血效果的鱈魚。其他還使用了能夠滋潤身體與暖胃效果的蕪菁，含有 β-胡蘿蔔素能提升免疫力的紅蘿蔔，以及有獨特香味具有提升胃功能的茼蒿。因為茼蒿過度加熱會使其獨特的香味消失，烹煮時請多加留意。

[材料]

- 鱈魚 ………………………………… 120g
- 蕪菁 ………………………………… 80g
- 茼蒿 ………………………………… 30g
- 紅蘿蔔 ……………………………… 30g
- 黑芝麻 ……………………………… 少許
- 水 …………………………………… 500ml

[作法]

① 鱈魚如果有刺的話請先去除後，切成愛犬適合食用的大小。
② 蕪菁與茼蒿先切細，紅蘿蔔則磨成泥狀後備用。
③ 將蕪菁放入鍋中加熱。
④ 待蕪菁煮軟，將鱈魚與紅蘿蔔泥加入湯中烹煮 3 分鐘左右。
⑤ 再加入茼蒿及黑芝麻，沸騰之後即可關火。
⑥ 放涼至跟自己的體溫相近的溫度時便可以盛盤，完成。

手作藥膳鮮食Q&A

在實際製作手作藥膳鮮食時應該會出現各式各樣不同的疑問。本章節針對在手作藥膳鮮食上「飼主們經常遇到的問題」進行回答。

回答講師：奈良老師（手作鮮食）／齋藤老師（藥膳）

Q1 要如何分辨手作鮮食的營養是否適合愛犬呢？

奈良老師：這是飼主在持續餵食手作鮮食的狀況下，非常在意的問題之一。能夠維持適當的體重、肌肉量、生活品質，而且睡得好、排便正常就是健康最好的證明。因此，如果愛犬的狀態合乎上述的內容，代表現在的飲食應該是適合的。另一方面，無法用肉眼察覺的部份也必須要掌握，可以透過定期的健康檢查和血液檢查了解全身狀態以及營養狀態，進行飲食內容的改進或是調整，請以這樣的方式做好最適當的體況管理。

Q2 在給予手作鮮食之後，變得不太喝水是正常的嗎？

奈良老師：以手作鮮食來說，單就只把稍作處理過的食材攪拌在一起的食物也都含有70％左右的水分。狗狗如果能夠攝取到必須水分量的70％左右就不會感到口渴，因此從飲水盆中攝取的水分量便會減少。基本上，必須要攝取與熱量相同程度的水分量，（例：熱量如需300kcal的狀況下，水分量便為300ml）所以不足的量建議以湯類等做補充。

Q3 在給予手作鮮食之後，大便量變少沒有問題嗎？

奈良老師：大便是未消化物。跟飼料相比，手作鮮食的消化吸收率較高，一般來說大便的量應該會變少。每天一到兩次，如果呈長條形且沒有過硬或軟便的狀況就沒有問題。

Q4 早餐吃飼料，晚餐吃手作鮮食也可以嗎？

奈良老師：一天所需要的熱量能夠經由早餐與晚餐充分攝取，而且兩者都幾乎是相同熱量與均衡營養的話就沒有關係。如果只是用目測的方式給予的話，有可能會造成熱量和營養不足的傾向，應多加注意。

Q5 平常愛犬都是吃飼料。偶爾給予手作鮮食時需要注意的重點是？

奈良老師：從乾燥的飲食內容轉換為水分含量較多的飲食方式，兩者相反的狀況來說，對於消化器官的負擔較少。因此偶爾餵食也不會有問題。在偶爾給予的手作鮮食中，為了讓腸胃獲得休息為目的，建議使用曾經食用過的食材，調理成低脂肪而且食物纖維不宜過多、容易消化的食物為佳。

Q6 開始吃了手作鮮食之後體重變輕了，沒有關係嗎？

奈良老師：由於手作鮮食在食物中的水分量較多，以相同重量作比較的話當然比起飼料的熱量少許多。如果平時都是以目測的方式製作出的「量」，或許在必要熱量和營養素上會有所不足，這也是體重減輕的原因。建議重新檢視食物的內容，掌握愛犬的必需熱量與營養素。

Q7 手作鮮食不需要調味嗎？

奈良老師：狗狗喜歡甜味，而且鹹味有提升食品鮮味的功能，加入調味之後會感覺到更好吃，但是基本上並沒有必要。糖分過高除了會造成肥胖之外，也會引起糖尿病或是神經障礙症，而鹽分過多的話被認為與腎臟及骨骼疾病有所關聯。雖然如此，有時候為了調整體況的目的，因應必要有時候會在食物中加入少量天然鹽或者味噌之類的調味料。

Q8 製作手作藥膳鮮食一定需要使用藥材嗎？

齋藤老師：雖然說是藥膳但也不一定就必須使用到高麗人蔘或者紅棗等藥材。每天食用的蔬菜或是肉類等食材之中也都會有各自不同的性質、味、功效，因此可以利用這些特性製作藥膳鮮食。

Q9 體質是會改變的嗎？

齋藤老師：現在的體質並不會持續一輩子。體質會受到生活環境的變化或者年齡的增加等各種不同的原因而有所改變。

Q10 每天都要吃藥膳才會有效嗎？

齋藤老師：如果是為了要改善體質的話，長時期食用才能夠達到預期的效果。若只是因為暫時的身體不適，有時不需要長期食用也能夠得到症狀的改善。

Q11 如果給予和體質不同的食材會造成身體不適嗎？

齋藤老師：如果只是吃了一餐與體質不同的食物，那幾乎不會對身體產生任何影響。但如果寒性體質卻長期使用寒涼的食材的狀況下，就有可能引起下痢等身體不適的狀況。

Q12 使用在超市購買的食材做成的藥膳也會有效果嗎？

齋藤老師：有的。新鮮的食材以及當季的食材中，都含有豐富的「氣」。請活用剛摘採下來的新鮮食材享受藥膳的樂趣。

Q13 飼料中所含的食材也有效果嗎？

齋藤老師：飼料若以綜合營養配方來說，在營養均衡上是很優秀的，但由於經過高溫加熱且為了可以長期保存，其含水量非常少，食材所擁有的性質可能因而減少許多。使用當季新鮮的食材在藥膳的效果上應該是比較高的。

後記

愛犬把視線從餐碗上移開了。看起來似乎不太滿意的樣子。就好像是說著：「我不喜歡這個。」接著就轉頭離去。

我，將手伸向餐碗，把碗中食物的一小塊放在手心上，仔細地瞧著。

有著許多的堅持，也並沒有在意花費了多少，就算工作如何繁忙，也都擠出一點時間每天非常認真地做著愛犬的料理。渴望了解更多鮮食知識，期望能夠確實地掌握對身體好的食物，或不好的食物，也搭配著各式各樣的食材，一直努力地做了過來。

好吧……那今天就吃飼料吧！正發呆的想著時，愛犬竟踩著小碎步往我跑來，張開小口把我手心上的那小塊食物吃了。

我不知不覺地笑了起來。愛犬看著傻笑的我，也跟著愉悅地搖起了尾巴。愉快的氣氛愈來愈高漲，我便大聲的笑了起來。或許當時也掉了幾滴眼淚吧。

在那之後的我，慢慢起身佇立在書架前，把之前非常喜歡的料理書再拿出來。就像是對於料理已經完全瞭若指掌般，很長一段時間就都不曾再翻開的參考書。

在那本書中，除了關於料理的食譜之外，寫了這樣一段話：

「每天做飯的你，辛苦了。如果感到疲憊、迷惘、困擾的時候，請不要蓋起這本書，並隨意地翻翻書頁。」

裡面有各種不同的食材、充滿美味的五顏六色，說不定也能夠從中感受到撲鼻而來的香味。透過隨意翻翻書頁，瞧瞧這些食材，請再試著期待那份喜悅與奮的感覺到來。而在那之前可以安靜地、什麼都不要做。其實你要做料理也好、不做也是可以的。」

我摸了摸愛犬的頭，站起身來試著把餐碗裡的食物全部搗碎，再順手淋上用雞骨熬製的高湯。

愛犬以迅雷不及掩耳的速度，一口氣吃完了。其中只有一瞬間，用那充滿喜悅的雙眼往我瞧了瞧，感覺像是告訴著我，這個很可以！

這本書裡，充滿著你所想要了解的食材資訊。可以說是從全面照護的觀點所提出的想法，同時也是從營養學中引導出來的內容。又或者可能蘊含著狗狗們想要傳達給我們的訊息。

「好想吃！好想吃喔！」只要想到愛犬們這般興奮喜悅的表情，就會有不可言喻的期待感。

無論如何，請務必讓你的愛犬能夠體驗到食的幸福感與健康。而之後的每一天，你也可以享受到這份喜悅。衷心地希望。

二〇一九年一月
《愛犬的全方位食材事典》
全體製作團隊

中醫學用語說明

（關於兩個文字成語＋兩個文字成語的四字成語）請以各兩個文字分開解讀。

例▼「散寒解表」：「散寒：散除寒邪」＋「解表：發散表邪、解除表證」＝「發散體表之寒邪，並將表證解除」

[安神] 使精神安定。

[安胎] 安定胎兒，維持懷孕狀態，防止流產。

[胃寒] 寒邪停滯於胃的狀態。

[遺精] 自然射出精液的狀態。

[遺尿] 於睡眠中漏尿的狀態。

[陰] 構成人體的陰液成分（津液、精、血）處於不足的狀態。

[陰虛] 涼散體熱、滋潤身體的作用。

[榮髮] 使毛髮豐沛生長的狀態。

[益精] 提昇胃的功能。

[益胃] 補足精氣之意。

[益智] 提昇腦的機能。

[益肺氣] 補足肺氣。與補肺氣相同。

[瘀血] 血停滯的狀態。

[溫胃] 溫暖胃部，並提昇其功能。

[溫經] 溫暖經絡，使循行順暢。

[溫腎] 溫暖腎部，並提昇其功能。

[溫中] 溫暖脾胃（中焦），並提昇其功能。

[溫通] 溫暖經絡，使循行順暢。

[溫通經脈] 透過溫暖作用，改善經脈中氣、血、津液的循行。

[溫肺] 溫暖肺部，並提昇其功能。

[溫病] 濕熱邪所引起之急性熱病的總稱。

[溫陽] 提昇溫暖身體的功能。

[開胃] 增進食慾之意。

[解鬱] 解除心情抑鬱引起的胸悶症狀。

[解肌] 發散體表之邪，並將其解除。

[外邪] 指風、寒、暑、濕、燥、火和疫癘之邪氣等從外部（主要是季節的變化）侵入人體的致病因素。

[化瘀] 消散瘀血之意。

[火旺] 無法抑制體內的熱，引起上火之現象。

[下氣] 即降氣之意。抑制上逆之氣。

[化濕] 將體內多餘之水分（濕氣）排出。

[化痰] 消散痰濁，使之容易排出。

[活血] 促進血的循行。

[滑腸] 使腸道活動順暢之意。

[肝胃不合] 因氣滯或是發怒等原因傷及肝，接連影響到胃的消化機能。

[寬中] 使脾胃（中焦）的活動趨於和緩。

[肝陽上亢] 因肝腎陰虛無法制陽，而導致肝陽亢逆。

[寒邪] 具有寒冷特性的外邪。

[氣滯] 指臟腑、經絡之氣阻滯不暢的狀態。

[虛] 表示不足之意。

[強筋] 強化肌腱、韌帶等。

[強筋骨] 強化肌腱、韌帶、骨骼等。

[祛瘀] 去除瘀血之意。

[虛寒] 因陽氣不足使身體產生冷寒的狀態。

[祛滯] 消解消化不良（食滯）。

[祛痰] 將痰排出之意。

[祛風] 疏散風邪之意。

[祛風濕] 疏散風濕邪之意。

[驅風] 將腸胃中的氣體排出體外之意。

[解暑] 消解暑邪之意。

[解熱] 血的循行停滯的狀態。

[血瘀] 血中有熱存在的狀態。

[解毒] 散除體內的新陳代謝廢物以及病邪之意。

[解表] 發散表邪、解除表證之意。

[健腦] 提昇腦的機能。

[健脾] 提昇脾的機能。

[健胃] 提昇胃的機能。

[行氣] 使氣的循行順暢。

[降氣] 抑制上逆之氣，同下氣。

[行血] 使血的循行順暢。

[降逆] 使逆氣恢復正常運行的治療方式。

[行水] 使水的循行順暢。

[固腎] 改善遺尿、遺精等症狀。

[固精] 改善遺尿、遺精等症狀。

[固脫] 防止虛脫。

[固表] 收斂體表，以防止汗液等過度流失。

[散瘀] 散除瘀血之意。

[散寒] 散除寒邪之意。

[散結] 散除硬塊、結塊之意。

[散腫] 消除浮腫、腫塊、水腫之意。

[散積] 消解、發散堆積於體內之意。

[滋陰] 滋補陰之氣。

[止嘔] 抑制嘔吐、噁心症狀。

[止渴] 抑制口渴。

[止咳] 抑制咳嗽症狀。

[止汗] 抑制過度出汗。

[止血] 抑制過度出血。

[止瀉] 抑制下痢症狀。

[止帶] 抑制下帶下症狀。

[止痛] 抑止疼痛。

[濕熱邪] 具有濕氣特性之外邪。

[濕熱邪] 濕邪與熱邪同時出現的症狀。

[邪] 屬於熱証之實証。因外部熱邪之侵襲、壓力、飲食不正常等所引起之病理產物。

[滋補] 滋養強健身體之意。

[瀉火] 邪氣。身體所不需要之有害病因。可分為由外部侵入之外邪（六淫）與體內發生之病理產物。

[縮尿] 改善體內熱過多的症狀。

[潤燥] 改善頻尿或尿失禁的症狀。

[潤腸] 滋潤身體以改善乾燥症狀。

[潤肺] 滋潤腸道，促進排便。

改善因肺的乾燥伴隨引起之乾咳。

【潤膚】滋潤皮膚之意。

【止癢】抑止搔癢症狀。

【滋養】補充身體所需之營養。

【消炎】消除於體內發生之發炎症狀。

【勝濕】將體內多餘的水分排出。

【消腫】散除腫塊、浮腫症狀。

【消暑】散除暑邪之意。

【消食】促進消化。

【消食化積】幫助消化，散除停滯於體內之物質。

【消積】將未消化物質（食積）散除。

【昇陽】使陽氣上昇至身體上部。

【消瘍】散除腫瘤、腫瘤。

【暑邪】具有暑氣性質之外邪。

【除煩】改善焦躁不安之症狀。「煩」意指心煩。

【助陽】補充陽氣。

【滲濕】將身體中多餘的水分排出體外。

【清頭目】使頭腦清爽，視物清晰。

【清熱】清解體內之熱邪或虛熱。

【清肺】清解肺之熱邪或虛熱。

【生肌】促進皮膚之機能亢進狀態。

【生津】意指使津液產生。

【清肝】改善肝之機能亢進狀態。

【昇陽】改善肝之機能亢進狀態。

【積】指腹內的腫塊。

【泄瀉】指下痢。

【宣肺】提昇肺的功能。

【潛陽】改善陽氣之異常活動（肝陽上亢等）。

【瘡】創傷、損傷之意。一般來說，指的是由於各種原因造成皮膚表層發生之丘疹、紅斑、水皰、膿皰、潰爛、表皮剝離等皮膚病變。

【燥濕】具有乾燥特性之外邪。

【燥邪】具有乾燥特性之外邪。

【疏肝】使肝氣循行順暢。

【疏肝解鬱】使肝氣循行順暢，消解煩躁、憂鬱等症狀。

【熄風】平熄內風（暈眩、顫抖、痙攣等症狀）。

【疏散風熱】發散並疏泄風熱邪。

【退黃】治療黃疸症狀。

【托瘡】促進創傷、損傷治癒之意。

【托透疹】促進皮膚滋潤。

【澤膚】給予皮膚滋潤。

【暖腰膝】溫暖腰膝之意。

【中滿】腹部有脹滿感之症狀。

【調經】調治月經，使之正常。

【調中】調治脾胃（中焦）使其功能順暢。

【治淋】改善淋症（頻尿、尿量減少、排尿困難、排尿淋漓不暢、排尿疼痛等）。

【鎮咳】鎮靜咳嗽症狀。

【鎮驚】鎮靜害怕、容易驚嚇等症狀。

【鎮靜】使其安定，抑制異常活動之意。

【通經】調治月經，使之正常。

【通乳】使母乳分泌正常之意。

【通便】使排便回復正常之意。

【通絡】使經絡之氣循行順暢。

【通淋】改善淋症（頻尿、尿量減少、排尿困難、排尿淋漓不暢、排尿疼痛等）。

【填髓】補填髓（腦、骨髓、脊髓）之營養成分，以促進其生成。

【透疹】在伴隨發疹的疾病上，使其加速發疹以促進治癒速度。

【軟堅】軟化因痰或瘀血所引起之腫塊、腫瘤、結石等結塊。

【熱証】含有熱之外邪。

【熱邪】因熱邪入侵，或陽氣變得旺盛而引起之身體機能亢進狀態。

【排石】使結石排出體外。

【破瘀】使用作用較強的藥物或者食物促進血行。

【破血】使用作用較強的藥物或者食物散解血瘀。

【煩熱】發熱同時又有心煩，或者煩躁而有悶熱感之症狀。

【風寒邪】結合風邪與寒邪之邪氣。

【風邪】由自然界中的風所形成之外邪。

【風熱邪】結合風邪與熱邪之邪氣。

【風濕邪】結合風邪與濕邪之邪氣。

【平肝】改善肝的功能亢進狀態。

【平喘】改善氣喘症狀。

【補陰】治療陰虛証的方法。

【崩漏】指不在正常行經期間，陰道內大量出血，或持續出血不止的病症。

【補肝】加強肝之機能。

【補氣】補充不足之氣。

【補虛損】補慢性之衰弱性疾病，使其恢復正常。

【補血】補充不足之血。

【補五臟】滋補五臟之機能，使其恢復正常。

【補心】滋補心之機能。

【補腎】滋補肝腎之機能。

【補中】滋補脾胃（中焦）之機能。

【補肺】滋補肺之機能。

【補陽】補充不足之陽氣。

【明目】消解眼睛疲勞或視線模糊等眼部之症狀。

【養肝】提升肝之機能。

【養血】補充不足之血。

【養心】提升心之機能。

【利咽】通利咽喉之意。

【利咽喉】對於通利咽喉有效之意。

【理氣】調理氣的循環，使其回歸正常。

【理血】調理血的循環，使其回歸正常。

【利濕】通利小便，使濕邪從下焦滲利而去。

【利水】通利水道，促進水濕之邪的排泄。

【利臟】滋補並提升各臟腑之機能。

【涼血】涼散血中之熱邪。

【療瘡】治療創傷之意。

【和胃】調整胃氣不和，使其機能回復正常。

【和中】治療脘腹脹悶、噯氣、食慾不振等症之方法。同和胃。

【和脾胃】調整脾胃的機能之意。

食材檢索

注音順序檢索

ㄅ
- 八角 155
- 巴西里 143
- 菠菜 98
- 白蘿蔔 103
- 白芝麻 101
- 白菜 96
- 薄荷 145
- 扁豆 93
- 蘋果 83
- 枇杷 125
- 馬鈴薯 42
- 麻油 136

ㄆ
- 蘋果 83
- 枇杷 125

ㄇ
- 馬鈴薯 42
- 麻油 136

ㄈ
- 玫瑰花 155
- 美生菜 151
- 毛豆 92
- 牡蠣 63
- 帆立貝 65
- 蕃茄 100
- 蕃薯 82
- 蜂蜜 139

ㄉ
- 大麥 87
- 大豆 75
- 大豆油 136
- 豆乳 89
- 豆腐 90
- 當歸 157
- 鯛魚 56
- 丁香 147
- 冬瓜 107

ㄊ
- 茼蒿 109

ㄋ
- 南瓜 102
- 南瓜籽 132
- 納豆 90
- 牛蒡 132
- 牛肝 49
- 牛肉 43
- 糯米 75

ㄌ
- 落花生 133
- 藍莓 122
- 栗子 122
- 蓮子 130
- 蓮藕 129
- 蘆筍 113
- 鹿肉 46

ㄍ
- 羅勒 143
- 綠花椰菜 112
- 綠豆芽菜 112
- 里芋 85
- 枸杞子 155
- 高麗菜 95
- 高麗人蔘 157
- 葛 78
- 蛤蠣 65
- 橄欖油 137
- 粳米 73
- 鮭魚 52
- 桂皮 146
- 苦瓜 106
- 葵花籽 132
- 昆布 59
- 空心菜 108

194

ㄏ
- 紅豆 104
- 胡蘿蔔 88
- 紅花 104
- 紅棗 149
- 黑木耳 154
- 黑芝麻 17
- 黑砂糖 31
- 黑醋 138
- 海帶嫩芽 139
- 海苔 61
- 花椰菜 62
- 核桃 127
- 黃麻 132
- 鴻禧菇 115

ㄐ
- 雞蛋 67
- 雞腿肉 40
- 雞里肌 41
- 雞肝 47
- 雞心 48
- 雞胸肉 39
- 雞胗 48
- 雞翅 40
- 鰹魚 57
- 金針菇 116
- 薑黃 144

ㄒ
- 西瓜 120
- 西洋芹 114
- 小麥 76
- 小米 79
- 小茴香 148
- 小黃瓜 101
- 小松菜 97
- 蜆 64
- 香蕉 119
- 香菜 141
- 鱈魚 51

ㄓ
- 玄米 74
- 芝麻油 136
- 豬肝 49
- 豬肉 44

ㄑ
- 奇異果 124
- 青椒 114
- 青江菜 114
- 蕎麥 81
- 秋葵 112
- 秋刀魚 58

ㄕ
- 柿子 125
- 沙丁魚 54
- 山楂子 156
- 山楂子花 156
- 山藥 84
- 生薑 141
- 水梨 123
- 日本小米 79
- 肉桂 146
- 胡麻油 135
- 荏胡麻油 135
- 乳酪 70

ㄗ
- 紫蘇 142

ㄘ
- 菜籽油 137
- 草莓 124

ㄅ
- 豌豆 92

ㄍ
- 菊花 150

ㄔ
- 陳皮 151

ㄖ
- 竹筴魚 55
- 椎茸 115

ㄞ
- 艾草 156

ㄧ
- 鵪鶉蛋 68

ㄩ
- 羊肉 45
- 羊棲菜 77
- 薏苡仁 160
- 亞麻仁油 137
- 優格 71
- 椰子 130
- 銀杏 150
- 鷹嘴豆 93

ㄨ
- 烏骨雞蛋 69
- 蕪菁 109
- 舞茸菇 116
- 鮪魚 53
- 豌豆 91

ㄙ
- 四季豆 91
- 三葉菜 142
- 粟米 80
- 松子 128

195

依各體質檢索

氣虛

- 雞肉（雞胸肉、雞腿肉、雞翅、雞里肌）…… 39～41
- 牛肉 …… 43
- 豬肉 …… 44
- 羊肉 …… 45
- 鹿肉 …… 46
- 雞胗 …… 48
- 牛肝 …… 49
- 鱈魚 …… 51
- 鮭魚 …… 52
- 鮪魚 …… 53
- 沙丁魚 …… 54
- 竹莢魚 …… 55
- 鯛魚 …… 56
- 鰹魚 …… 57
- 秋刀魚 …… 58
- 牡蠣 …… 63
- 鵪鶉蛋 …… 68
- 烏骨雞蛋 …… 69
- 粳米 …… 73
- 玄米 …… 74
- 糯米 …… 75
- 薏苡仁 …… 77
- 日本小米 …… 79
- 小米 …… 79
- 栗米 …… 80
- 蕎麥 …… 81
- 蕃薯 …… 82
- 馬鈴薯 …… 83
- 山藥 …… 84
- 大豆 …… 85
- 里芋 …… 87
- 豆腐 …… 89
- 豆乳 …… 90
- 豌豆 …… 91
- 四季豆 …… 91
- 毛豆 …… 92
- 蠶豆 …… 92
- 高麗菜 …… 95
- 綠花椰菜 …… 99
- 花椰菜 …… 100
- 南瓜 …… 102
- 胡蘿蔔 …… 105
- 牛蒡 …… 106
- 蘆筍 …… 111
- 椎茸 …… 113
- 舞茸菇 …… 115
- 金針菇 …… 116
- 香蕉 …… 119
- 蘋果 …… 121
- 草莓 …… 122
- 柿子 …… 125
- 核桃 …… 127
- 松子 …… 128

血虛

- 牛肉 …… 43
- 豬肉 …… 44
- 羊肉 …… 45
- 鹿肉 …… 46
- 雞肝 …… 47
- 牛心 …… 48
- 牛肝 …… 49
- 豬肝 …… 49
- 鱈魚 …… 51
- 鮭魚 …… 52
- 鮪魚 …… 53
- 沙丁魚 …… 54
- 鯛魚 …… 56
- 鰹魚 …… 57
- 羊棲菜 …… 60
- 牡蠣 …… 63
- 蜆 …… 64
- 蛤蜊 …… 65
- 雞蛋 …… 67
- 鵪鶉蛋 …… 68
- 烏骨雞蛋 …… 69
- 乳酪 …… 70
- 優格 …… 71
- 毛豆 …… 92
- 鷹嘴豆 …… 93
- 高麗菜 …… 95
- 白菜 …… 96
- 菠菜 …… 98
- 胡蘿蔔 …… 105
- 牛蒡 …… 106
- 蓮藕（加熱） …… 110
- 美生菜 …… 110
- 青江菜 …… 111
- 鴻禧菇 …… 115
- 金針菇 …… 116
- 黑木耳 …… 117
- 核桃 …… 127
- 松子 …… 128
- 黑芝麻 …… 131
- 白芝麻 …… 133
- 落花生 …… 135
- 荏胡麻油 …… 136
- 芝麻油 …… 136
- 葉籽油 …… 137
- 高麗人蔘 …… 157
- 艾草 …… 156
- 紅棗 …… 154
- 丁香 …… 147
- 三葉菜 …… 142
- 蜂蜜 …… 139
- 葉籽油 …… 137
- 椰子 …… 133
- 黑芝麻 …… 131
- 栗子 …… 130
- 銀杏 …… 130
- 蓮子 …… 129

血瘀

- 巴西里 143
- 枸杞子 153
- 紅棗 154
- 高麗人蔘 157
- 當歸 157
- 牛肉 43
- 鮭魚 52
- 沙丁魚 54
- 竹莢魚 55
- 秋刀魚 58
- 帆立貝 65
- 紅豆 88
- 納豆 90
- 小松菜 97
- 菠菜 98
- 黃麻 105
- 蕹菜 109
- 蓮藕（加熱）110
- 美生菜 111
- 青江菜 112
- 秋葵 114
- 青椒 115
- 金針菇 116
- 鴻禧菇 116
- 舞茸菇 117
- 黑木耳 122
- 藍莓 122

氣鬱

- 當歸 157
- 高麗人蔘 157
- 玫瑰花 155
- 紅花 146
- 桂皮 146
- 薑黃 145
- 巴西里 143
- 三葉菜 142
- 生薑 141
- 黑砂糖 135
- 黑醋 135
- 亞麻仁油 132
- 葵花籽 132
- 栗子 130
- 鮭魚 52
- 納豆 90
- 小松菜 97
- 菠菜 98
- 白蘿蔔 109
- 茼蒿 110
- 西洋芹 112
- 青椒 115
- 蘋果 121
- 草莓 121
- 奇異果 124
- 生薑 141

陰虛

- 玫瑰花 155
- 八角 155
- 山楂子 152
- 陳皮 151
- 菊花 150
- 小茴香 148
- 薄荷 145
- 薑黃 145
- 羅勒 143
- 巴西里 143
- 紫蘇 142
- 三葉菜 142
- 香菜 141
- 雞蛋 43
- 雞心 44
- 雞肝 47
- 豬肝 48
- 牛肉 49
- 鱈魚 51
- 鮭魚 52
- 鮪魚 53
- 鯛魚 56
- 鰹魚 57
- 羊棲菜 60
- 牡蠣 63
- 蜆 64
- 蛤蠣 65

陽虛

- 枸杞子 153
- 菊花 150
- 巴西里 143
- 荏胡麻油 143
- 黑芝麻 144
- 松子 145
- 水梨 122
- 西瓜 122
- 秋葵 114
- 美生菜 111
- 蕹菜 109
- 胡蘿蔔 109
- 菠菜 98
- 豌豆 92
- 毛豆 92
- 山藥 84
- 烏骨雞蛋 69
- 雞蛋 67
- 帆立貝 65
- 牛肉 43
- 雞肉（雞胸肉、雞腿肉、雞里肌、雞翅、）39~41
- 豬肉 44
- 羊肉 45
- 鹿肉 46
- 雞胗 48
- 鱈魚 51

項目	頁碼
鮭魚	52
鮪魚	53
沙丁魚	54
鯛魚	56
鰹魚	57
鵪鶉蛋	68
糯米	73
日本小米	74
玄米	75
粳米	79
蕃薯	82
馬鈴薯	83
山藥	84
里芋	85
毛豆	87
豌豆	91
大豆	92
南瓜	102
蘆筍	113
核桃	123
松子	130
銀杏	131
黑芝麻	133
椰子	136
黑砂糖	139
大豆油	142
生薑	143
紫蘇	144
丁香	147

痰濕

項目	頁碼
小茴香	48
高麗人蔘	54
艾草	55
八角	56
雞肉（雞胸肉、雞腿肉、雞翅、雞里肌）	39〜41
鯛魚	56
昆布	59
海帶嫩芽	60
羊棲菜	61
海苔	62
玄米	64
大麥	65
薏苡仁	74
馬鈴薯	75
里芋	77
大豆	83
紅豆	85
豆乳	87
豌豆	88
毛豆	90
四季豆	91
蠶豆	92
扁豆	92
高麗菜	93
白菜	95
蕃茄	96
小黃瓜	100
南瓜	101
白蘿蔔	102
苦瓜	103
冬瓜	106
空心菜	107
茼蒿	108
美生菜	109
綠豆芽菜	112
蘆筍	113
西洋芹	114
西瓜	120
蘋果	121
水梨	123
草莓	124
奇異果	125
枇杷	130
南瓜籽	132
栗子	133
落花生	134
椰子	135
亞麻仁油	137
橄欖油	137
黑砂糖	141
生薑	143
香菜	144
巴西里	143

濕熱

項目	頁碼
陳皮	51
艾草	55
鯛魚	56
馬肉	42
昆布	59
羊棲菜	60
海帶嫩芽	61
海苔	62
蜆	64
蛤蠣	65
帆立貝	74
小麥	76
玄米	77
小米	78
薏苡仁	79
葛	80
蕎麥	81
粟米	85
里芋	87
大豆	88
紅豆	91
四季豆	91
毛豆	92
蠶豆	92
高麗菜	95
白菜	96

小松菜	97
綠花椰菜	99
小黃瓜	101
白蘿蔔	103
苦瓜	106
冬瓜	107
空心菜	108
茼蒿	109
牛蒡	110
青江菜	111
美生菜	112
綠豆芽菜	113
蘆筍	114
西洋芹	115
鴻禧菇	136
金針菇	140
西瓜	142
草莓	144
奇異果	146
橄欖油	152
菊花	154
山楂子花	156

◎圖片提供

successfulmodel9（h1）Romarjolen（h4）fotohunter（P1）Diana Taliunn（P7）7atal7i（P7）kellyreekolibry（P9）It s Me（P11）Artem Kutsenko（P11）Tono Balaguer（P12）DimiSotirov（P15）Edward Westmacott（P17）JIANG HONGYAN（P18）norikko（P21）marilyn barbone（P25）vitals（P34）Nishihama（P35）Prostock-studio（P36）Edward Westmacott（P38）Evgeny Tomeev（P39）natali_ploskaya（P40）Spayder pauk_79（P40-41）Edward Westmacott（P42）vitals（P43）Mirek Kijewski（P44）Christian Jung（P45）Edward Westmacott（P46）JacZia（P47）n7atal7i（P48）JIANG HONGYAN（P48）Evan Lorne（P49）It s Me（P49）vitals（P50）Alex Coan（P51）Alexander Raths（P52）Tono Balaguer（P53）Nishihama（P54）vitals（P55）K321（P56）funny face（P57）Nishihama（P58）Jiang Zhongyan（P59）K321（P60）JIANG HONGYAN（P61）honobono（P62）Pineapple studio（P63）Poring（P64）eye-blink（P65）atm2003（P65）Timmary（P66）NARUDON ATSAWALARPSAKUN（P67）Deenida（P68）Aaron Amat（P69）Timmary（P70）baibaz（P71）Nirad（P72）picturepartners（P73）AmyLv（P74）koosen（P75）Nirad（P75）xpixel（P76）koosen（P77）Africa Studio（P78）eye-blink（P79,80）natali_ploskaya（P79）Anton Starikov（P81）szefei（P82）Artem Kutsenko（P83）Emily Li（P84）jiangdi（P85）Diana Taliun（P86）matka_Wariatka（P87）Miyuki Satake（P88）panor156（P89）rodrigobark（P90）Ratana Prongjai（P90）Ratana Prongjai（P91）Norman Chan（P91）honobono（P92）nito（P92）Diana Taliun（P93）timquo（P93）pullia（P94）JIANG HONGYAN（P95）Boonchuay1970（P96）honobono（P97）Binh Thanh Bui（P98）Kaiskynet Studio（P99）Svetlana Serebryakova（P100）Takashi Images（P101）pullia（P102）Elena Schweitzer（P103）Kovaleva_Ka（P104）kariphoto（P105）bonchan（P106）JIANG HONGYAN（P107）Kelvin Wong（P108）Naoki Kim（P109）akepong srichaichana（P109）Yossi James（P110）JIANG HONGYAN（P111）Khumthong（P111）Gts（P111）ngoc tran（P112）MR.Yanukit（P112）matkub2499（P113）JIANG HONGYAN（P113）Kaiskynet Studio（P114）JIANG HONGYAN（P114）jiangdi（P115）KETPACHARA YOOSUK（P115）Yossi James（P116）akepong srichaichana（P116）bogdan ionescu（P117）Dionisvera（P118）Maks Narodenko（P119）siriratsavett（P120）EM Arts（P121）1981 Rustic Studio kan（P122）SOMMAI（P123）Dionisvera（P124）Deenida（P124）JIANG HONGYAN（P125）jiangdi（P125）George3973（P126）robertsre（P127）K321（P128）Quang Ho（P129）Charles B. Ming Onn（P130）George3973（P130）Single（P131）orinocoArt（P131）Deenida（P132）Abel Tumik（P132）oksana2010（P133）xpixel（P134）picturepartners（P134）DimiSotirov（ P 135）marilyn barbone（P135）Kaiskynet Studio（P136）Tukaram.Karve（P136）Angel Simon（P137）Jopics（P137）Da-ga（P138）kariphoto（P139）xpixel（P139）chengyu（P140）GSDesign（P141）Scisetti Alfio（P141）yoshi0511（P142）Sakoodter Stocker（P142）Nattika（P143）Kaiskynet Studio（P143）Boonchuay1970（P144）akepong srichaichana（P145）chengyu（P146）Nataliia K（P147）jeehyun（P148）jeehyun（P149）SOMMAI（P150）bonchan（P151）JIANG HONGYAN（P152）Emily Li（P153）zcw（P154）Nattika（P155）XIA WEIQING（P155）JIANG HONGYAN（P156）marilyn barbone（P156）norikko（P157）Eldred Lim（P157）Tim UR（P158）Evan Lorne（ P 159）Spayder pauk_79（P162）SakoodterStocker（P186）Evgeny Tomeev（P192）／Shutterstock.com

◎參考文獻

・「7訂 食品成分表2018」女子栄養大学教授 香川明夫・監修 女子栄養大学出版部
・「しっかり学べる栄養学」女子栄養大学教授 川端輝江・著 ナツメ社 2012年
・「CANINE AND FELINE NUTRITION A resource of Companion Animal Professionals SECOND EDITION」Linda P.Case ／ Daniel P.Carey ／ Diane Hirakawa ／ LeighannDaristle・著 Mosby.Inc. 2000
・「Fresh Food & Ancient Wisdom」Ihor Basco・著 TWOHARBORSPRESS 2010
・「ペットのための薬膳食材辞典」ペット薬膳国際協会・監修 ペット薬膳国際協会 2015年
・「薬膳素材辞典」辰巳洋・主編 源草社 2006年
・「中国薬膳大辞典［日本語翻訳版］」崔明・編集／難波恒雄・監訳 エム・イー・ケイ 1997年
・「神農本草経解説」森由雄・編集 源草社 2011年
・「現代の食卓に生かす 食物性味表」仙頭正四郎・監修 日本中医食養学会 2006年
・「漢方薬膳学」大石雅子ら・編集 横浜薬科大学編 2010年
・「薬膳・漢方の食材帳」薬日本堂・監修 実業之日本社 2010年
・「毎日使える薬膳＆漢方の食材事典」坂口珠未・著 株式会社ナツメ社 2013年
・「いつもの食材 効能＆レシピ帖」早乙女孝子・監修 株式会社滋慶出版／つちや書店 2011年

國家圖書館出版品預行編目資料

愛犬的全方位食材事典：鮮食與藥膳的完美呈現 144 種食材完整分析 用食療保養愛犬的身心健康／日本動物健康促進協會監修；蔡昌憲譯. -- 二版. -- 臺中市：晨星，2024.12
200 面；16×22.5 公分. --（寵物館；89）
譯自：愛犬のためのホリスティック食材事典
ISBN 978-626-320-977-0（平裝）

1.CST：犬　2.CST：寵物飼養　3.CST：藥膳　4.CST：食譜
437.354　　　　　　　　　　　　　　　　　113016243

掃瞄 QR code，
填寫線上回函！

寵物館 89

愛犬的全方位食材事典：
鮮食與藥膳的完美呈現 144 種食材完整分析
用食療保養愛犬的身心健康

監修	日本動物健康促進協會
譯者	蔡昌憲
編輯	李俊翰、林珮祺
校對	李俊翰、楊豐懋
執筆	奈良なぎさ（ペットベッツ栄養相談代表／ペット栄養コンサルタント） 梅原孝三（仙台プラム・アニマルクリニック院長／ペット薬膳国際協会常任理事長） 齋藤まゆみ（SMILEDOG主宰／人とペットの中医養生アドバイザー）
協力	ペット薬膳国際協会、国際中獣医学院
攝影	横山君絵
示範犬	松岡はろ
內頁／封面美術	張蘊方
創辦人	陳銘民
發行所	晨星出版有限公司 407 台中市西屯區工業30 路1 號1 樓 TEL：04-23595820　FAX：04-23550581 行政院新聞局局版台業字第2500號
法律顧問	陳思成律師
初版	西元2020年01月01日
二版	西元2024年12月01日
讀者服務專線	TEL: 02-23672044 / 04-23595819#212
讀者傳真專線	FAX: 02-23635741 / 04-23595493
讀者專用信箱	service@morningstar.com.tw
網路書店	http://www.morningstar.com.tw
郵政劃撥	15060393（知己圖書股份有限公司）
印刷	上好印刷股份有限公司

定價 380 元
ISBN 978-626-320-977-0

AIKEN NO TAMENO HOLISTIC SHOKUZAIJITEN by JAPAN ANIMAL WELLNESS ASSOTIATION
Copyright © JAPAN ANIMAL WELLNESS ASSOTIATION 2019
All right reserved.
The writer：Nagisa Nara, Takami Umehara, Mayumi Saito
Supported by：PET YAKUZEN INTERNATIONAL ASSOCIATION, International collage of traditional Chinese
Veterinary Medicine Japan Campus
Editor：KK Colorzoo Education KK

Published by Morning Star Publishing Inc.
Printed in Taiwan
版權所有．翻印必究
（缺頁或破損的書，請寄回更換）